光电信息综合实验

彭润伍　李亚捷　窦柳明◎编著

中南大学出版社
www.csupress.com.cn
·长沙·

内容简介

本书主要介绍了光电信息科学与工程专业的部分专业实验，具体包括激光衍射计量实验、光电器件特性测试实验、莫尔效应及光栅传感实验、激光拉曼光谱实验、热辐射及红外扫描成像实验、晶体的电光-磁光效应实验、掺铒光纤放大器实验、光网络实验、漫反射全息照相实验、光栅光谱仪与光谱分析实验、光磁共振实验、近代光学实验等。本书注重光电信息科学与工程专业需要了解和掌握的部分专业实验的实验原理阐述，以及培养学生动手能力和解决问题能力的内容编排，同时包含了光电信息技术前沿研究和实际应用以及课程思政，对于培养学生创新能力和知识应用能力、科学精神和正确价值观具有积极作用。

本书可作为光电信息科学与工程专业的实验教材，也可以作为物理学和电子科学与技术等专业的课内实验参考书。

前言
Foreword

本书为光电信息科学与工程专业的实验教材，在长沙理工大学该专业开设的专业实验课"光电信息综合实验"的实验指导书的基础上修改而成。本书主要针对"光电信息综合实验"这门专业实验课而编写，并没有涵盖光电信息科学与工程专业的所有实验。其余实验安排在其他课程和实践环节中，均有对应的专业教材、实验教材或实验指导书。

本书包括十二个综合实验，具体包括激光衍射计量实验、光电器件特性测试实验、莫尔效应及光栅传感实验、激光拉曼光谱实验、热辐射及红外扫描成像实验、晶体的电光-磁光效应实验、掺铒光纤放大器实验、光网络实验、漫反射全息照相实验、光栅光谱仪与光谱分析实验、光磁共振实验、近代光学实验等。每个实验除讲述了实验目的、实验原理、实验内容和步骤等基本内容，还设有思考题供学生思考存在的问题和需要深入探索的知识。部分实验还在后面增加了光电信息技术前沿研究和应用案例及课程思政内容。

本书的特色在于通过基本实验内容的学习培养学生动手能力和解决问题能力，同时将光电信息技术前沿研究和应用案例及课程思政融入教材，使学生能够紧跟学科前沿、了解知识应用和接受思政教育，推动学生创新精神和创新能力培养、专业知识应用能力培养及正确价值观的形成。

本书实验一、实验二、实验三、实验四、实验五、实验十一和实验十二由彭润伍编写，实验六、实验七和实验八由李亚捷编写，实验九和实验十由窦柳明编写。由于编者水平有限，书中难免存在一些疏漏和错误，殷切希望广大读者批评指正。

本书由电子科学与技术湖南省一流专业建设项目、长沙理工大学优秀教材建设项目和长沙理工大学物理与电子科学学院本科生创新创业能力培养工程行动计划资助出版。

目 录
Contents

实验一 激光衍射计量实验 ……………………………………………… 1

实验二 光电器件特性测试实验 …………………………………… 13

2.1 光敏电阻特性测试 …………………………………………… 13

2.2 光电二极管特性测试 ………………………………………… 18

2.3 光电三极管特性测试 ………………………………………… 24

实验三 莫尔效应及光栅传感实验 …………………………………… 37

实验四 激光拉曼光谱实验 …………………………………………… 53

实验五 热辐射及红外扫描成像实验 ………………………………… 66

实验六 晶体的电光–磁光效应实验 ………………………………… 78

6.1 晶体的电光效应实验 ………………………………………… 78

6.2 晶体的磁光效应 ……………………………………………… 85

实验七 掺铒光纤放大器实验 ………………………………………… 92

实验八 光网络实验 …………………………………………………… 103

8.1 波分复用演示实验 …………………………………………… 103

8.2 光交叉互连(OXC)实验 …………………………………… 107

8.3 光分插复用 OADM(演示实验)…………………………… 108

实验九 漫反射全息照相实验 ………………………………………… 113

实验十　光栅光谱仪与光谱分析实验 ························· 123

实验十一　光磁共振实验 ························· 139

实验十二　近代光学实验 ························· 153

12.1　光学图像相加和相减 ························· 153

12.2　利用复合光栅实现光学微分处理 ························· 156

12.3　阿贝成像原理和空间滤波 ························· 160

实验一
激光衍射计量实验

一、实验目的

1. 了解夫琅禾费衍射效应及衍射图样。
2. 掌握激光衍射计量原理。
3. 了解 CCD 的数据采集、记录方法和数据处理原理。
4. 利用激光衍射计量技术测量狭缝宽度。

二、实验原理

激光衍射计量是利用激光通过狭缝形成的夫琅禾费衍射效应进行精密测量的技术。光在传播过程中遇到障碍物时，会偏离原来的直线传播方向，并在障碍物后的观察屏幕上呈现不均匀光强分布，这种现象称为光的衍射。当光源和衍射场都在离衍射物无限远时，称为夫琅禾费衍射。夫琅禾费衍射是一种远场衍射，是光学仪器中最常见的衍射现象。在实验中，不可能将光源和衍射场放在无限远，实际中的夫琅禾费衍射装置示意图如图 1-1 所示，S 是光源，Σ 是衍射场。

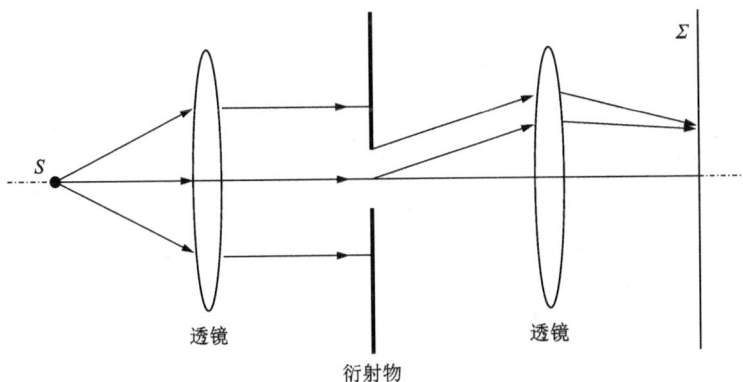

图 1-1 夫琅禾费衍射装置示意图

光通过衍射物在后方观察屏上形成强弱不同、明暗交替的光强分布，中心光强最大，两边光强依次减弱，如图 1-2 所示。衍射物形状不同，形成的夫琅禾费衍射图样也不同，图 1-3(a)~图 1-3(c)分别为单缝衍射、矩形孔衍射和圆孔衍射图样。

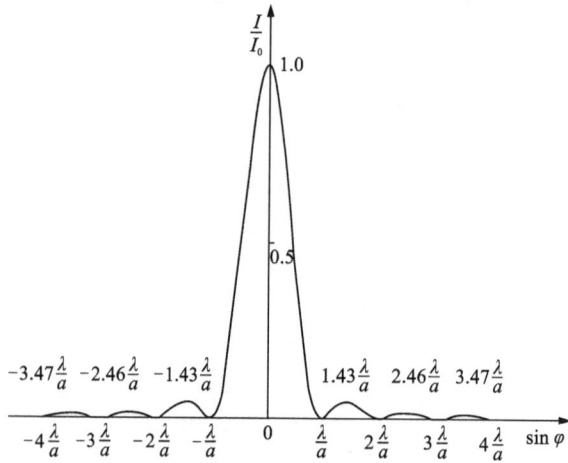

图 1-2　夫琅禾费衍射光强分布

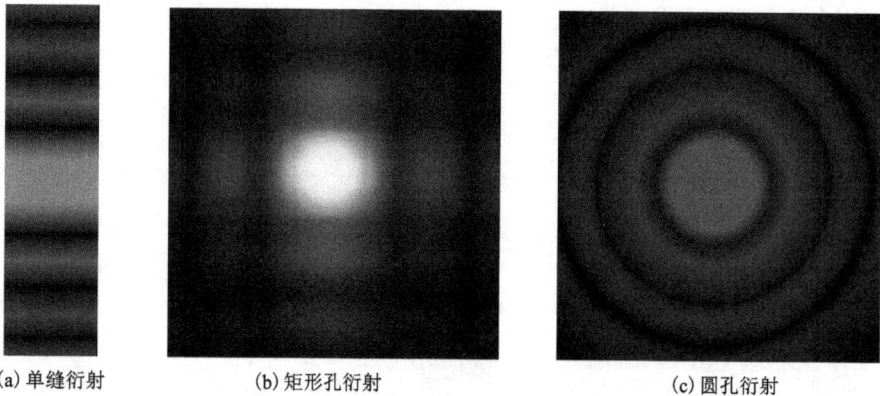

（a）单缝衍射　　　　　　　　（b）矩形孔衍射　　　　　　　　（c）圆孔衍射

图 1-3　夫琅禾费衍射图样

衍射计量是利用被测物与参考物之间的间隙所形成的夫琅禾费单缝衍射来完成的。如图 1-4、图 1-5 所示，当波长为 λ 的激光照射一条长度为 L、宽度为 $w(L>w>\lambda)$ 的单狭缝，且与观测屏距离 $R \gg w^2/\lambda$ 时，形成夫琅禾费单缝远场衍射，在观测屏上将看到十分清晰的衍射条纹，如图 1-6 所示。由物理光学可知观察屏上衍射条纹光强 I 的分布为

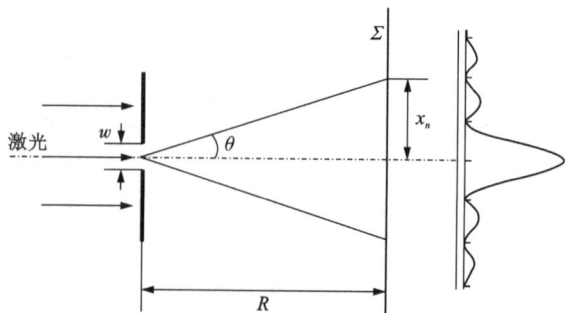

图 1-4　计量原理图

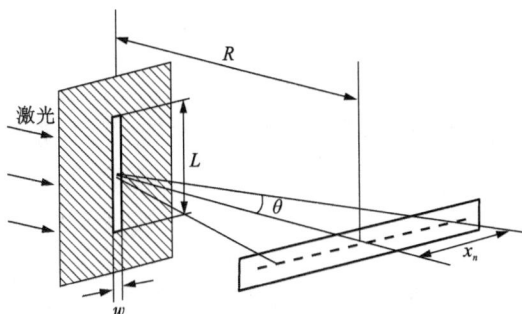

图 1-5 等效衍射

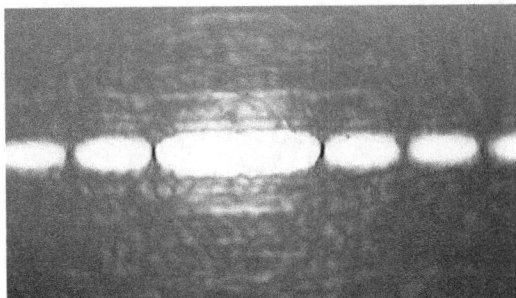

图 1-6 本实验装置使用
0.2 mm 狭缝形成的衍射图样

$$I = I_0 \left(\frac{\sin^2 \beta}{\beta^2} \right) \tag{1-1}$$

其中

$$\beta = \left(\frac{\pi w}{\lambda} \right) \sin \theta \tag{1-2}$$

式中：θ 为衍射角；I_0 为光轴上的光强度（即 $\theta = 0°$）。从式（1-1）看出，远场衍射光强分布随 $\sin \beta$ 的平方而衰减。当 $\beta = 0$ 时，$\pm\pi$，$\pm 2\pi$，$\pm 3\pi$，$\cdots$，$\pm n\pi$ 处 $I = 0$，即出现暗条纹。测定任一个暗条纹的位置就可以知道间隙 w 的尺寸。

由式（1-1）和式（1-2）可知，对暗条纹有

$$\left(\frac{\pi w}{\lambda} \right) \sin \theta = n\pi \tag{1-3}$$

对于远场衍射而言，θ 较小，因此有

$$\sin \theta \approx \tan \theta = \frac{x_n}{R} \tag{1-4}$$

式中：x_n 为第 n 级暗条纹中心距中央零级条纹中心的距离；R 为观察屏距单缝平面的距离。将式（1-4）代入式（1-3）可得

$$w = \frac{Rn\lambda}{x_n} \tag{1-5}$$

式（1-5）即衍射计量的基本公式。已知 λ 和 R，测定第 n 级暗条纹中心距中央零级条纹中心的距离 x_n，就可计算出 w 的精确尺寸。本实验采用图 1-1 所示装置，因此 $R = f$。

利用激光下形成的衍射条纹可以进行微米量级的非接触的尺寸测量。基于式（1-5）由一个狭缝边的位置就可以推算另一边的位置，则被测物尺寸或轮廓完全可由被测物和参考物之间的缝隙所形成的衍射条纹位置来确定。即当被测物尺寸改变 σ 时，相当于狭缝尺寸 w 改变 σ，衍射条纹中心位置随之改变，则

$$\sigma = w - w_0 = n\lambda R \left(\frac{1}{x} - \frac{1}{x_0} \right) \tag{1-6}$$

式中：w_0、w 分别为起始缝宽、最后缝宽；x_0、x 分别为起始时衍射条纹中心位置、变动后衍射条纹中心位置（条纹 n 不变）。

三、实验仪器和实验光路

本实验使用的激光多功能光电测试系统实验仪(CSY-10L)的光学原理如图1-7所示，激光(He-Ne，波长6358 nm，功率>3 mW)通过各种光学元件的切换与配置，组合成一种光学物理系统，以实现定性观察与定量测试的多功能系统，23为最终的光电接收器。前面光学系统的光信息经CCD图像系统转换成光电信号，再经模/数变换(A/D)形成数字信号，将此数字信号送入图像处理卡，然后送计算机作处理，在专用软件的操作下，完成实验内容的显示与计算(图1-8)。激光多功能光电测试系统主要由七部分组成：Tyman-Green干涉系统，散斑干涉系统，衍射计量系统，共焦测量系统，纳米测量光学系统，傅氏变换光学系统，光纤传感系统。

本实验使用其中的衍射计量系统：激光经4，12，13，14反射，通过衍射试件平台19产生衍射，经成像透镜20会聚成像，至光电接收器23接收，送计算机处理并由显示器显示，可对部分试样实现定标与计量(图1-9)。

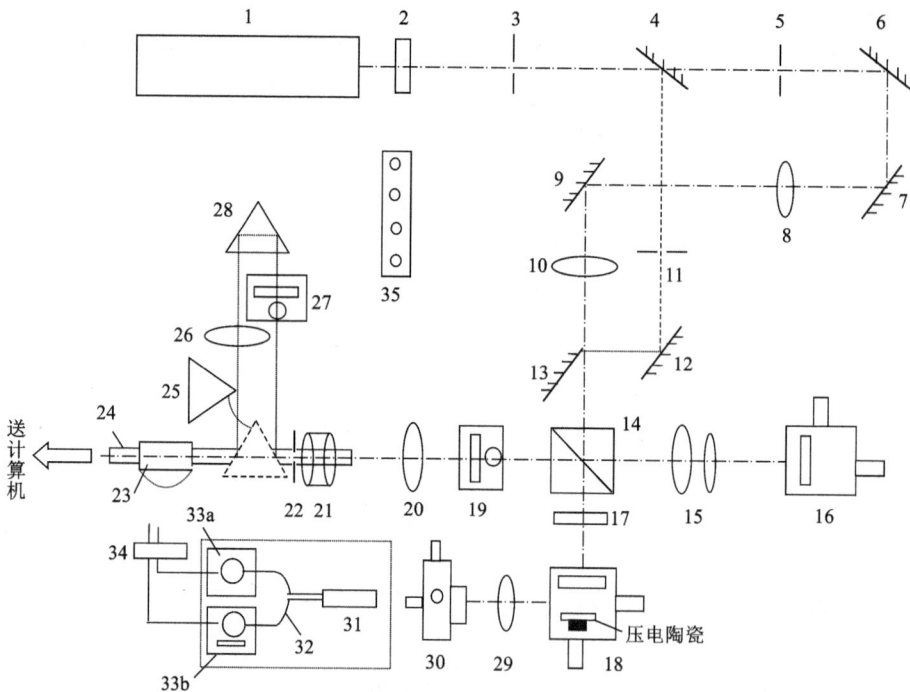

1—激光器；2，17—衰减器；3，5，11—定向孔；4，13—移动反射镜；6，7，9，12—反射镜；8，29—物镜；10—准直透镜；14—分光棱镜；15—共焦显微镜；16—多功能试件夹及组合工作台；18—带压电陶瓷的组合工作台；19，27—衍射试件平台；20—成像透镜；21—目镜；22—可调光阑；23—光电接收器；24—导轨；25，28—直角棱镜；26—傅氏透镜；30—五维调节架；31—光纤分束器；32—光纤；33a—外置式光纤传感器；33b—内置式光纤传感器；34—光纤夹持器；35—备用试件架。

图1-7 CSY-10L的光学原理

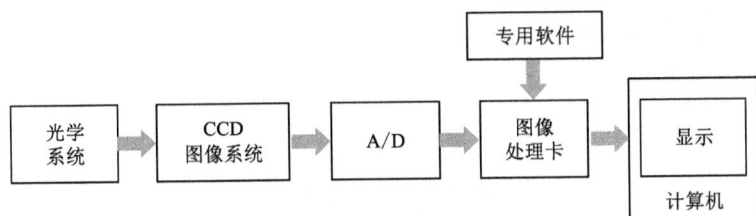

图 1-8 CSY-10L 的处理、显示与计算

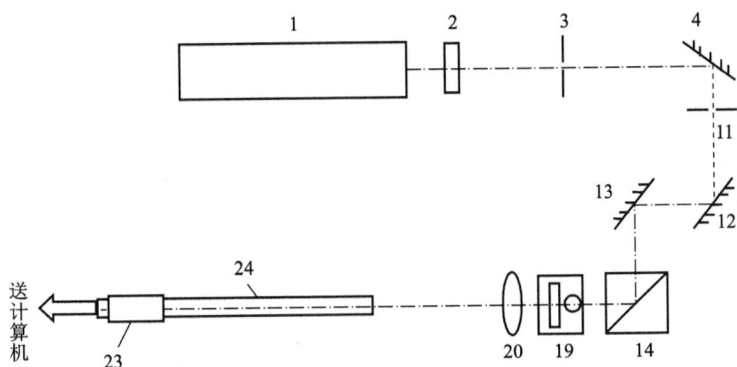

图 1-9 激光衍射计量系统光路图

四、实验内容和步骤

1. 在光路中插入移动反射镜 4 及 13，调节光路时使激光束准确通过定向孔 3 和 11，确保激光束沿水平直线入射。

2. 调整 CCD 图像系统位置使其中心与定向孔 3 和 11 的通孔在同一高度，插入并调整分光棱镜 14，再调节反射镜 12 上的微调旋钮，使激光能直接入射 CCD 图像系统，注意在带压电陶瓷的组合工作台 18 的试件夹上放黑纸屏或取消试件夹，让透射光逸至试验平台。

3. 插入并调整成像透镜 20，调节反射镜 12 上的微调旋钮，使激光能直接入射 CCD 图像系统并使光斑在中间位置。

4. 插入衍射试件平台 19 中的衍射试件。

5. 移动 CCD 图像系统使计算机图像清晰，锁定光电接收器 23。

6. 记录狭缝系列对应一级、二级、三级衍射条纹间距。

7. 更换可调狭缝，测量狭缝移动量。

五、数据处理和结果分析

实验数据表见表 1-1。

表 1-1　实验数据表

序号	衍射级数(n)	x_n	w	$\overline{w}$	相对误差/移动量
1					相对误差
2					移动量
3					

（其中，图 1-9 中成像透镜 20 的焦距 $f=180$ mm，激光波长 $\lambda=632.8$ nm。）

六、思考题

1. 夫琅禾费衍射中哪些因素影响了衍射条纹间距？
2. 激光衍射计量方法有什么优点？可应用于哪些方面？
3. 这一方法在实际应用上的限制是什么？

注意事项

实验配件中衍射试件缝宽及小孔直径如图 1-10 所示。

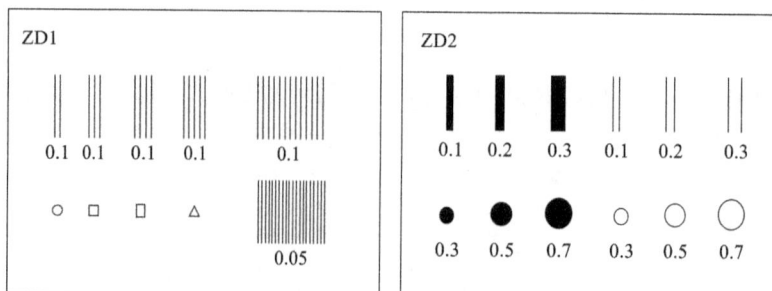

图 1-10　实验配件中衍射试件缝宽及小孔直径

附录一：软件使用与操作

激光多功能光电测试系统实验仪配套软件是基于 Windows 操作系统的应用软件，为配合各实验的顺利完成，目前该软件包主要由两部分组成：①激光多功能光电测试系统实验仪综合软件（Csylaser）；②干涉图的条纹自动分析软件（Wave）。本实验用到第一部分，以下为使用与操作说明：

1. 从任务栏中的"开始"按钮出发，点中"程序（P）"项查找"激光多功能光电测试系统实验仪配套软件"程序组件，然后用鼠标双击该组件中的"Csylaser"图标进入该软件，可看到如图 1-11 所示的对话框。

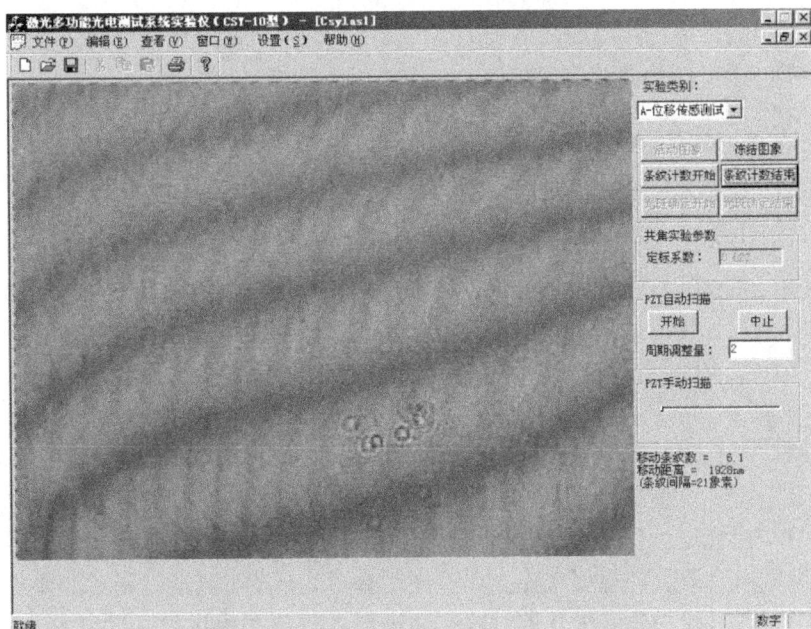

图 1-11 软件对话框

2. 根据当前所做的实验，可从实验类别下面的下拉式选择框中选择相应的实验类型，可供选择的实验类型有：

A—位移传感测试　　　　　B—光纤传感测试　　　　　C—纳米计量测试
D—共焦计量测试　　　　　E—衍射计量测试　　　　　F—散斑位移测试

本实验选择类型为"E—衍射计量测试"。

3. 按【活动图象】按钮可在窗口中看到探测器上传来的动态显示的图像，如干涉条纹、共焦光斑、衍射图样等。按【冻结图象】按钮可实现图像的冻结（即将图像静止）。

4. 当选择实验类型为"E—衍射计量测试"时，可通过鼠标实现衍射图样中任意两点之间距离的精确度量，具体步骤如下：

（1）按【活动图象】按钮监视衍射图样，调整衍射图样到最佳状态。

（2）按【冻结图象】按钮使图像静止。

（3）用鼠标点中度量的起始点并按下鼠标的左键。

(4)按住左键将鼠标移动到度量的终点,在移动过程中将在图中显示一条红线,并在屏幕的右下方实时地显示出红线所度量的长度。当鼠标到达度量的终点时,放开左键,完成度量。

(5)若需要重新度量,只需要重复步骤(3)、(4)即可。

附录二:仪器使用要点

1.在进行实验前必须首先详细阅读实验指导书,对仪器的光学原理及操作方法作重点了解。

2.必须严格按实验步骤进行操作,才能顺利进行实验。

3.严禁自行拆卸仪器各组成部分,实验中遇到故障应首先与实验指导老师取得联系,然后由实验指导老师进行故障排除或进行相应处理。

4.光学零件或组件的表面应保持清洁,不要用手触摸。

附录三:激光安全知识

激光器按波长可分为各种类型,由于不同波长的激光对人体组织器官的伤害不同,按其功率输出大小及对人体伤害可分为以下四级。

第一级激光器,即无害免控激光器(功率小于 0.4 mW)。这类激光器发射的激光,在使用过程中对人体无任何危险,即使用眼睛直视也不会损害眼睛。典型应用有激光教鞭、CD 播放机、CD-ROM 设备、地质勘探设备和实验室分析仪器等。对这类激光器不需进行任何控制。

第二级激光器,即低功率激光器(功率 0.4~1 mW)。这类激光器输出激光功率虽低,用眼睛偶尔看一下不至造成眼损伤,但不可长时间直视激光束,否则,易受光子作用而损害视网膜。这类激光对人体皮肤无热损伤。但不要直接在光束内观察,也不要用激光直接照射眼睛,避免用远望设备观察激光。典型应用有激光教鞭、瞄准设备和测距仪等。

第三级激光器,即中功率激光器。这类激光器的输出功率中等,聚焦时,直视光束会造成眼损伤,但将光改变成非聚焦的、漫反射的激光,一般无危险,对皮肤尚无热损伤。这类激光器发射的激光若直接射入眼睛,会产生伤害,基于某些安全的理由,进一步分为ⅢA 和Ⅲ B 级。Ⅲ A 级为可见光的连续激光,输出 1~5 mW 的激光束,避免用远望设备观察激光。Ⅲ A 级的典型应用和第二级激光器有很多相同之处,如激光教鞭、激光扫描仪等。Ⅲ B 级输出 5~500 mW 的连续激光,直接在光束内观察有危险,但最小照射距离为 13 cm,最大照射时间 10 s 以下为安全。Ⅲ B 级的典型应用有光谱测定和娱乐灯光表演等。

第四级激光器,即大功率激光器(大于 500 mW)。此类激光器发射的激光中,直射光束及镜式反射光束会对眼和皮肤造成损伤,而且损伤相当严重,其不但有火灾的危险,扩散反射也有危险,并且其漫反射光也可能会给人眼造成损伤。典型应用有外科手术、切割、焊接和显微机械加工等。

学科前沿研究和应用案例——基于衍射现象的计量技术领域

基于夫琅禾费衍射现象的激光衍射计量技术可以用于微直径、微位移、微缺陷、微振动等测量[1-6]。相比于使用游标卡尺和螺旋测微器的测量技术,激光衍射计量技术检测精度高，可以达到微米量级；另外，其在测量中不需要直接接触待测物体，可以避免待测物体的污染甚至损坏。

中国工程物理研究院激光聚变研究中心代飞等在 2021 年基于夫琅禾费双缝衍射原理研制了一套振动测量装置，并通过 PZT 测试了该系统的测量误差[1]。图 1-12 是振动测量装置原理示意图，由激光器发出的激光经过准直后被分光镜分成两束，其中光束 1 和光束 2 分别作为参考光和信号光，光束 1 和光束 2 分别通过狭缝后产生狭缝光，然后分别由位置固定不动的反射镜 1 和固定在待测振动物体上的反射镜 2 进行反射，接着反射光经过狭缝，最终由透镜将两光束聚焦在焦平面处的面阵 CCD 上以产生干涉条纹。该装置在 50 ~ 1000 nm 的振动范围内的测量精度可达 10 nm。利用该装置可以分析减振后制冷机样品座的振动特性，在采取减振措施后，装置检测到制冷机的振动水平由 ±15.0 μm 降低至 ±0.3 μm。

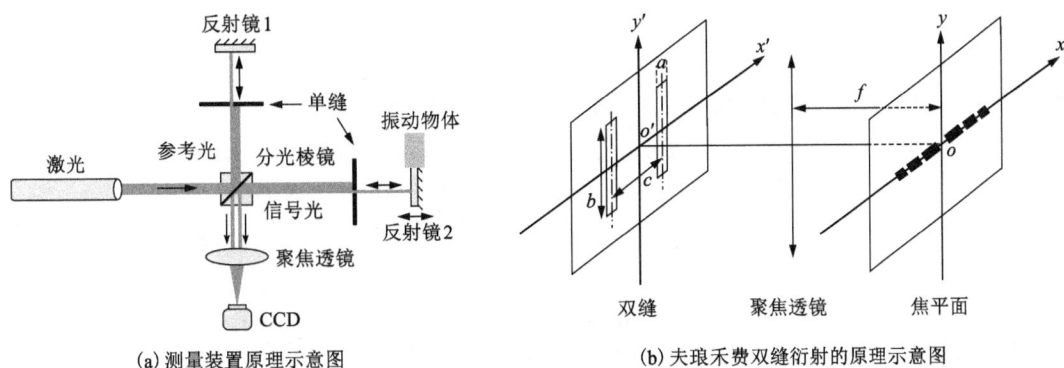

(a) 测量装置原理示意图   (b) 夫琅禾费双缝衍射的原理示意图

图 1-12　振动测量装置原理示意图

土壤粒径分布作为重要的土壤物理属性，对土壤肥力状况以及土壤持水力等有着显著的影响，激光衍射计量技术可用于土壤粒径分布的测量[2]。测量装置以波长为 658 nm 的半导体激光器作为光源，激光通过样品池中悬浮液，衍射光由一个焦距 200 mm 的透镜会聚到探测器，并将样品的衰减调整到最佳值。土壤粒径分布由米氏理论、夫琅禾费衍射理论通过生产商提供的软件中的算法计算得到。

基于线阵 CCD 的夫琅禾费衍射可以进行颗粒粒度测量。陈泉等利用夫琅禾费衍射颗粒粒度测量中的改进 Chin-Shifrin 反演算法解决了 Chin-Shifrin 积分变换反演算法使得反演的粒度分布出现假峰现象的问题[3,4]。激光粒度仪示意图如图 1-13 所示，以波长为 532 nm 的固态激光器作为光源，输出光束直径为 2 mm，光束通过扩束器得到直径为 10 mm 的平行光束，照射到流动样品池里的待测样品上，衍射光通过焦距为 300 mm 的傅立叶透镜和衰减度为 60%、30% 的滤光片，在透镜的焦平面上形成被测样品的衍射图像。利用线阵 CCD 将衍射图像转化为电信号输入到计算机中，使用改进 Chin-Shifrin 反演算法得到被测样品的颗粒粒度分布。

使用激光衍射计量技术可以检测轴承滚子表面缺陷，检测系统包括光源、透镜、CCD 相机以及滚子表面缺陷检测机械模块，可以适应不同型号的轴承滚子，如图 1-14 所示[5,6]。根据单缝夫琅禾费衍射原理，检测系统将滚子外观的细微变化转化为明显的条纹

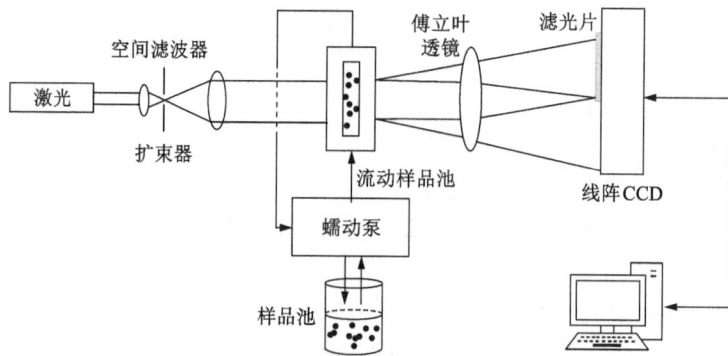

图 1-13　激光粒度仪示意图

间距变化，实现在检测过程中放大微小缺陷的目的。图 1-15 为系统形成的衍射条纹图。系统可用于测量极微小的工件表面缺陷，解决轴承滚子表面微小缺陷检测难的问题，大大提高检测精度，系统测量分辨率理论上可以达到 0.05 μm。相比常规的人工目视法、磁粉检测法、涡流检测法、声振检测法、超声波检测法、机器视觉检测法等，基于激光衍射计量技术的轴承滚子表面缺陷检测系统在对微小缺陷的检测方面有明显优势，为轴承生产企业的轴承滚子表面缺陷检测和评价提供了一种可靠有效的工具。

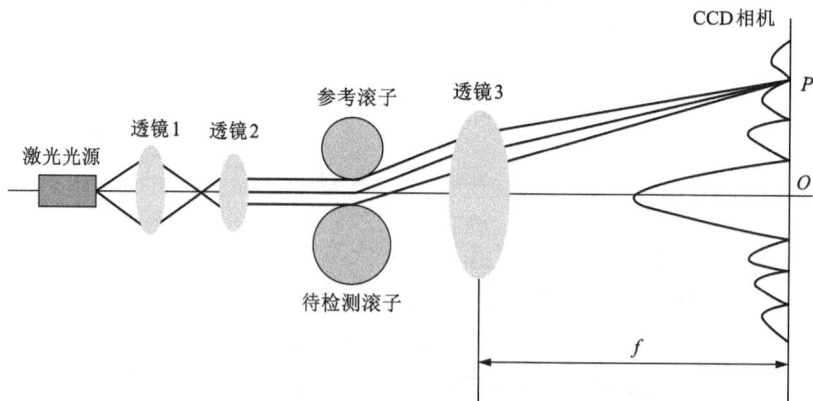

图 1-14　轴承滚子表面缺陷检测装置原理图

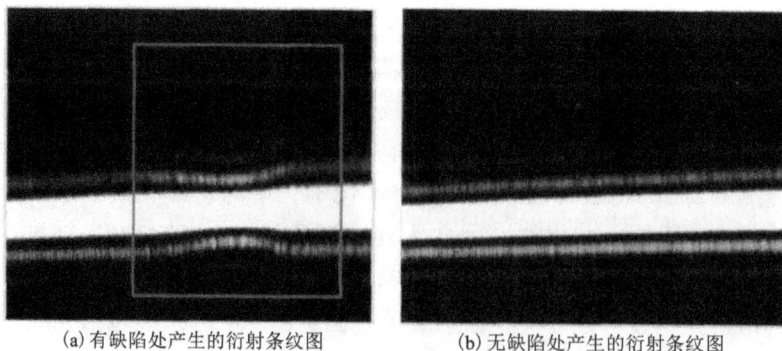

（a）有缺陷处产生的衍射条纹图　　　（b）无缺陷处产生的衍射条纹图

图 1-15　衍射条纹图

参考文献

[1] 代飞, 王凯, 林伟, 等. 基于夫琅和费衍射原理的制冷系统振动测量研究[J]. 中国激光, 2021, 48 (24): 94-102.

[2] María Liliana Darder a, Antonio Paz-González b, Aitor García-Tomillo b, et al. Comparing multifractal characteristics of soil particle size distributions calculated by Mie and Fraunhofer models from laser diffraction measurements[J]. Applied Mathematical Modelling, 2021, 94: 36-48.

[3] 陈泉, 刘伟, 窦智, 等. 夫琅和费衍射颗粒粒度测量中的改进 Chin-Shifrin 反演算法[J]. 光子学报, 2016(11): 118-123.

[4] Chen Q, Liu W, Wang W J, et al. Particle sizing by the Fraunhofer diffraction method based on an approximate non-negatively constrained Chin-Shifrin algorithm[J]. Powder Technology, 2017, 317: 95-103.

[5] 曹丽. 基于激光衍射测量技术的轴承滚子表面缺陷检测[D]. 福州: 福州大学, 2016.

[6] Cao L, Zhong S, Zhang Q. Surface Micro Defect Detection of Tapered Rollers Based on LaserDiffraction [J]. International Journal of Sensor Networks and Data Communications, 2015, 4(2).

拓展阅读

为了国家需要多次"转行"，他造出我国第一台光刻机

　　姜文汉院士是我国著名的光电工程专家，1995 年当选为中国工程院院士。姜文汉院士一生将自己与国家需求紧密相连，为了国家需求几次"转行"。他大学学习的是铸造工艺和设备专业，第一次"转行"为精密机械，第二次"转行"为光电机械，第三次"转行"为自适应光学，每次"转行"都是努力适应国家需要和社会发展的过程，每次"转行"都面临新的机遇和挑战，同时享受着开辟新领域带来的成就感和乐趣。

　　姜文汉院士第一次"转行"与中苏关系的破裂有关。1960 年夏天，苏联从中国撤回 1390 名专家，取消了 257 个科学技术合作项目。残酷的现实逼迫中国要自主开展尖端科技研究。为集中研发优势和力量，长春机电所筹备处和长春光学精密仪器所合并，组建成了长春光学精密器械所(下面简称长春光机所)。进入长春光机所后，姜文汉接到的新任务就是研究精密机械——陀螺仪的宝石轴承。这是一种非常小的精密轴承，精度要达到 1 μm。从最笨重的重型机械转到最精密的光学仪器，姜文汉需要重新学习大量的知识。为此，他结合研制工作自学了精密加工工艺和精密测量等课程，很快就掌握了研制宝石轴承的全过程，圆满完成了任务。多年后，他回忆起这次经历，说道："这项工作算不上标准意义上的科学研究，但是这项工作把我引入了精密机械这个领域。"

　　在精密机械领域还没呆热乎，很快姜文汉院士就面临第二次"转行"。1962 年，长春光机所承担了研制中国第一台大型电影经纬仪的任务，姜文汉被调去参加设计任务，担任机械组负责人之一，具体负责方位转台的设计。于是，他又从精密机械"转行"到了光学机械。姜文汉参与研制的大型电影经纬仪是一台口径达 600 mm、重几吨的精密仪器，要求直径几米的转台非常平稳，在高速和低速转动时不能有抖动。时任长春光机所所长的王大珩提出采用摩擦传动的设想，但当时谁也不知道该设想是否能够实现。对此，姜文汉设计了

一台试验装置,对王大珩所长提出的设想进行了验证并获得了成功,后来他们发现国外研制的许多大型天文望远镜也使用摩擦传动。除此之外,他还提出了三点法测量大型圆环平面度的新方法,解决了当时微米级止推轴承无法测量的难题,该方法在同类设备研制中沿用至今。对于第二次改行所从事的研究工作,姜文汉这样说道:"我觉得像这样的问题有一定的研究成分,也可以说有一定的创新成分,是属于科研项目的,应该说从这里开始我走上了科研的道路。"此后的半生,姜文汉一直为了中国的科研事业而默默耕耘,且不断收获丰硕的果实。

1964年至1978年,我国进行了延续时间最长、规模最为宏大的工业体系建设,史称三线建设。由于三线建设的需要,1971年,姜文汉院士带着全家来到了四川省大邑县的深山沟里,建设新的研究所(即光电技术研究所的前身)。包括姜文汉在内的第一代光电人以满腔的热情投入新所的建设,仅两年多时间就建成新所,并于1973年投产。

在光电技术研究所,姜文汉陆续承担了两种关键光学设备的研制。第一种是弹道相机,这是一种固定式、大视场的飞行弹道测量设备,为国内首次研制,也是光电技术研究所承担的第一项独立研制任务。作为这项设计任务的负责人,他把握总体性能、协调各分系统的关系,率领团队经过两年多的潜心攻关,成功研制了我国第一台固定式弹道测量设备并装备了部队;后来又陆续研制成功两种不同规格的设备,成为光电技术研究所的第一批系列产品。

姜文汉研制的第二种关键光学设备是光刻机。1978年全国科学大会胜利召开,中国迎来了科学的春天,为改变我国集成电路制造的落后局面,党中央提出开展大规模集成电路的关键技术攻关。姜文汉率领光电技术研究所承担了研制国内第一台光刻机——接近/接触式光刻机的重任,这一次,姜文汉院士又要从头学起。接受这个任务后,他立即着手进行调研,阅读资料,考虑方案,通过两年时间的攻关,终于研制出第一台光刻机,圆满完成了任务。

姜文汉院士的科学精神和爱国情怀值得我们学习,在学习和科研的道路上,我们要心系国家事、肩扛国家责,弘扬爱国奉献精神,为中华民族伟大复兴事业而不懈奋斗。

(参考《全景科学家》2021年8月9日报道)

实验二
光电器件特性测试实验

2.1 光敏电阻特性测试

一、实验目的

1. 掌握光敏电阻工作原理。
2. 熟悉光敏电阻的基本特性。
3. 掌握光敏电阻特性测试方法。

二、实验原理

(一)光敏电阻的基本原理与结构

光敏电阻是基于内光电效应的光电器件,是一种特殊的电阻器。当光敏电阻的半导体材料受到一定波长范围的光照时,吸收的光能激发内部的电子和空穴对,导致导电性增强和电阻率减小。当光照停止时,自由电子和空穴对复合,电阻值恢复到原来的状态。因此,其电阻值能随入射光的强弱而变化,光强度增大时电阻值减小,光强度减小时电阻值增大。光敏电阻没有极性,可以处理直流或交流电压。无光照时,光敏电阻值很大,称为暗电阻;受到一定强度光照时,阻值很小,称为亮电阻。一般希望暗电阻越大越好,亮电阻越小越好,此时光敏电阻的灵敏度高。实际中,光敏电阻的暗电阻值一般在兆欧量级,亮电阻值在几千欧以下。光敏电阻广泛应用于照相机、手机、光控路灯、草坪灯等多种自动调光和光自动开关控制领域。

光敏电阻通常由半导体材料(如硫化镉、硒化镉等)制成,并封装在带有透明窗的管壳中,以保护其灵敏度不受环境影响。光敏电阻主要结构包括光导电材料、电极、绝缘衬底和引线。图 2-1(a)为金属封装的硫化镉光敏电阻结构图。在玻璃底板上均匀地涂上一层薄薄的半导体物质,称为光导层。半导体的两端装有金属电极,金属电极与引出线端相连接，光敏电阻就通过引出线端接入电路。为了防止受周围介质的影响，在半导体光敏层上覆盖了一层漆膜。漆膜的成分应使它在光敏层最敏感的波长范围内透射率最大。为了提高灵敏度，光敏电阻的电极一般采用梳状图案，如图 2-1(b) 所示。图 2-1(c) 为光敏电阻连接电路图。

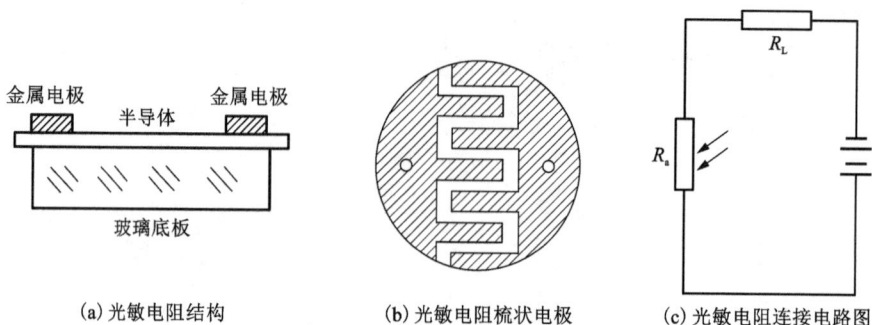

(a) 光敏电阻结构   (b) 光敏电阻梳状电极   (c) 光敏电阻连接电路图

图 2-1   光敏电阻结构和连接电路

(二) 光敏电阻的主要参数

暗电阻：光敏电阻在不受光照射时的阻值称为暗电阻，此时流过的电流称为暗电流。

亮电阻：光敏电阻在受光照射时的电阻称为亮电阻，此时流过的电流称为亮电流。

光电流：亮电流与暗电流之差称为光电流。

(三) 光敏电阻的基本特性

伏安特性：在一定照度下，流过光敏电阻的电流与光敏电阻两端的电压的关系称为光敏电阻的伏安特性。光敏电阻在一定的电压范围内，其 I–U 关系为线性关系，如图 2-2 所示。

光电特性：描述光敏电阻光电流 I 和光照度 E 之间的关系。不同材料的光电特性是不同的，绝大多数光敏电阻光电特性是非线性的，如图 2-3 所示。

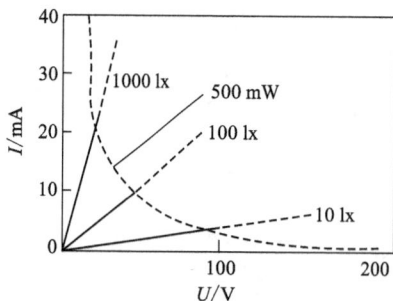

图 2-2   光敏电阻的伏安特性

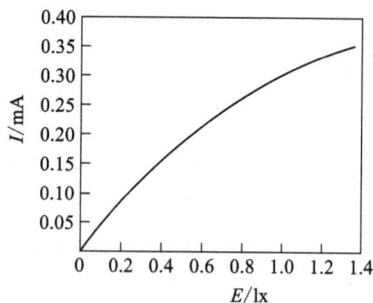

图 2-3   光敏电阻的光电特性

光谱特性：光敏电阻的相对灵敏度与入射波长的关系称为光敏电阻的光谱特性，亦称光谱响应。光敏电阻对入射光的光谱具有选择作用，即光敏电阻对不同波长的入射光有不同的灵敏度，不同材料的光敏电阻光谱响应曲线也不同。图 2-4 为不同材料光敏电阻的光谱特性。

时间响应特性：光敏电阻的光电流不能随着光强的改变而立刻变化，即光敏电阻产生的光电流有一定的惰性，这种惰性通常用时间常数表示。大多数的光敏电阻时间常数都较大，频率特性差。不同材料的光敏电阻具有不同的时间常数（毫秒数量级），频率特性也就各不相同，如图2-5所示。

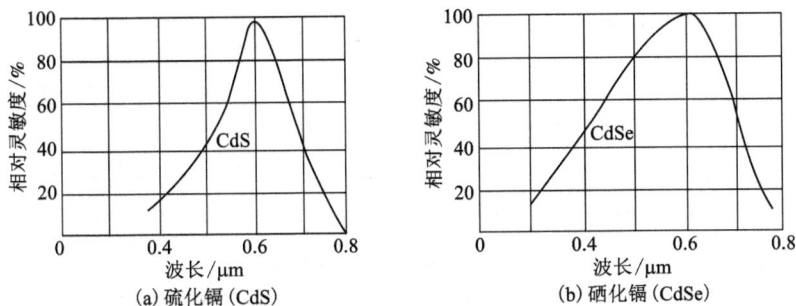

图2-4 光敏电阻的光谱特性

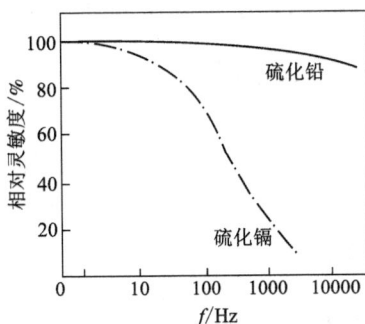

图2-5 光敏电阻的频率特性

三、实验内容和步骤

(一)光敏电阻的暗电阻、暗电流测试

(1)将光敏电阻完全置入黑暗环境中（将光敏电阻装入光通路组件，不通电即为完全黑暗），使用万用表测试光敏电阻引脚输出端，即可得到光敏电阻的暗电阻 $R_暗$。

（注：由于光敏电阻个性差异，某些暗电阻可能大于200 MΩ，属于正常。）

(2)组装好光通路组件，将照度计与照度计探头输出正负极对应相连（红为正极，黑为负极），将光源调制单元J2与光通路组件光源接口用彩排数据线相连。

(3)将单刀双掷开关S2拨到"静态"，将光照度调节旋钮逆时针旋到底。

(4)将0~15 V可调电源正负极与电压表头对应相连，打开电源，将直流电压调到12 V，关闭电源，拆除导线。

(5)按照图2-6连接电路，R_L 取10 MΩ。

(6)打开电源，记录电压表的读数，使用欧姆

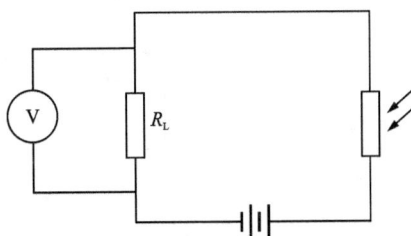

图2-6 光敏电阻暗电流测试电路

定理 $I=U/R$ 得出支路中的电流值，即为暗电流 $I_{暗}$。

（注：在测量光敏电阻的暗电流时，应先将光敏电阻置于黑暗环境中 30 min 以上，否则电压表的读数需较长时间才能稳定。）

（7）实验完成，关闭电源，拆除各导线。

（二）光敏电阻的亮电阻、亮电流、光电阻、光电流测试

（1）组装好光通路组件，将照度计与照度计探头输出正负极对应相连（红为正极，黑为负极），将光源调制单元 J2 与光通路组件光源接口用彩排数据线相连。

（2）将单刀双掷开关 S2 拨到"静态"，左右切换按钮，将光源颜色切换为白色。

（3）打开电源，缓慢调节光照度调节电位器，直到光照为 300 lx（约为环境光照），使用万用表测试光敏电阻引脚输出端，即可得到光敏电阻的亮电阻 $R_{亮}$。

（4）将直流电源两极与电压表两端相连，调节 0~15 V 可调电源到 12 V，关闭电源。

（5）按图 2-7 连接电路，R_L 取 5.1 kΩ。

（6）打开电源，记录此时电流表的读数，即为光敏电阻在 300 lx 的亮电流 $I_{亮}$。

（7）亮电阻与暗电阻之差即为光电阻，$R_{光}=R_{暗}-R_{亮}$，光电阻越大，灵敏度越高。

（8）亮电流与暗电流之差即为光电流，$I_{光}=I_{亮}-I_{暗}$，光电流越大，灵敏度越高。

（9）实验完成，关闭电源，拆除各导线。

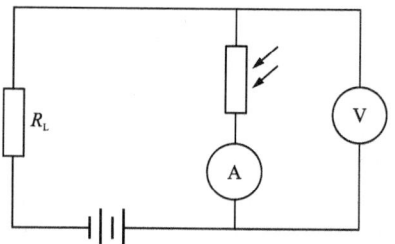

图 2-7　光敏电阻测量电路

（三）光敏电阻的伏安特性测试

光敏电阻的伏安特性即为光敏电阻两端所加的电压与光电流之间的关系。

（1）组装好光通路组件，将照度计与照度计探头输出正负极对应相连（红为正极，黑为负极），将光源调制单元 J2 与光通路组件光源接口用彩排数据线相连。

（2）将单刀双掷开关 S2 拨到"静态"，左右切换按钮，将光源颜色切换为白色。

（3）按照图 2-7 连接电路，直流电源选用 0~15 V 可调电源，R_L 取 510 Ω，直流电源电位器调至最小。

（4）打开电源，将光照度设置为 200 lx 不变，调节电源电压，分别测得电压表显示为 0 V、2 V、4 V、6 V、8 V、10 V 时的光电流，并填入表 2-1。

（5）按照上述步骤（4），改变光源的光照度为 400 lx，分别测得偏压为 0 V、2 V、4 V、6 V、8 V、10 V 时的光电流，并填入表 2-1。

表 2-1　伏安特性测试数据表

偏压	0 V	2 V	4 V	6 V	8 V	10 V
光电流 I（200 lx）/A						
光电流 II（400 lx）/A						

（6）根据表 2-1 中所测得的数据，在同一坐标轴中画出 V-I 曲线，并进行分析比较。

（7）实验完成，关闭电源，拆除各导线。

（四）光敏电阻的光电特性测试

在一定的电压作用下，光敏电阻的光电流与光照度的关系称为光电特性。

（1）组装好光通路组件，将照度计与照度计探头输出正负极对应相连（红为正极，黑为负极），将光源调制单元 J2 与光通路组件光源接口用彩排数据线相连。

（2）将单刀双掷开关 S2 拨到"静态"，左右切换按钮，将光源颜色切换为白色。

（3）按照图 2-7 连接电路，R_L 取 100 Ω。

（4）打开电源，将电压设置为 8 V 不变，调节光照度电位器，依次测试出光照度在 100 lx、200 lx、300 lx、400 lx、500 lx、600 lx、700 lx、800 lx、900 lx 时的光电流并填入表 2-2。

表 2-2　光电特性测试数据表

光照度/lx	100	200	300	400	500	600	700	800	900
电压 U/V									
光电流 I/A									
光电阻（U/I）/Ω									

（5）根据测试所得到的数据，描出光敏电阻的光电特性曲线。

（五）光敏电阻的光谱特性测试

用不同的材料制成的光敏电阻有着不同的光谱特性，当不同波长的入射光照到光敏电阻的光敏面上时，光敏电阻就有不同的灵敏度。

（1）组装好光通路组件，将照度计与照度计探头输出正负极对应相连（红为正极，黑为负极），将光源调制单元 J2 与光通路组件光源接口用彩排数据线相连。

（2）将单刀双掷开关 S2 拨到"静态"，将光源颜色切换到白色。

（3）打开电源，缓慢调节光照度调节电位器到最大，依次切换不同颜色的光源，记录照度计所测数据，并将最小值"E"作为参考。

（4）切换到红色光源，缓慢调节电位器直到照度计显示为 E，使用万用表测试光敏电阻的输出端，将测试所得的数据填入表 2-3。

（5）依次将光源切换到橙色光源、黄色光源、绿色光源、蓝色光源、紫色光源，分别测试出橙光、黄光、绿光、蓝光、紫光在光照度 E 下时光敏电阻的阻值，填入表 2-3。

（6）根据所测试得到的数据，画出光敏电阻的光谱特性曲线。

表 2-3　光谱特性测试数据表

波长/nm	630（红）	605（橙）	585（黄）	520（绿）	460（蓝）	400（紫）
光电阻/Ω						

（注：不同的光敏电阻曲线略有不同，属正常现象，峰值在蓝光附近。）

(7)实验完成,关闭电源,拆除各导线。

(六)光敏电阻的时间特性测试

(1)组装好光通路组件,将照度计与照度计探头输出正负极对应相连(红为正极,黑为负极),将光源调制单元 J2 与光通路组件光源接口用彩排数据线相连,将台体右下角的方波输出用 BNC 线连接到光源调制板的方波输入,正弦波输入用 BNC 线连接到示波器第一通道(正弦波输入与方波输入两个接口在台体内部是并联的)。

(2)将单刀双掷开关 S2 拨到"脉冲",左右切换按钮,将光源颜色切换为白色。

(3)打开电源,将 0~15 V 可调电源调到 6 V,关闭电源。

(4)按图 2-7 连接电路,R_L 取 10 kΩ,示波器的测试点应为光敏电阻两端。

(5)打开电源,白光对应的发光二极管亮,其余的发光二极管不亮。缓慢调节直流电源电位器,用示波器的第二通道测量光敏电阻组件的输出。

(6)观察示波器两个通道信号的变化,并作实验记录(画出两个通道的 $U-T$ 曲线)。

(7)缓慢增大输入脉冲的信号宽度,观察示波器两个通道信号的变化,并作实验记录(描绘出两个通道的 $U-T$ 曲线)。

(8)实验完毕,关闭电源,拆去导线。

四、数据处理和结果分析

根据所测试得到的数据,画出光敏电阻的特性曲线(打印图片粘贴在实验报告相应位置),并与已有特性曲线比较,分析实验结果。

五、思考题

1.光敏电阻的暗电阻有什么特点?为什么有时万用表显示无限大?
2.光敏电阻的表面为什么要采用梳状结构?
3.光敏电阻能否用于高频信号的检测,为什么?

2.2 光电二极管特性测试

一、实验目的

1.掌握光电二极管的工作原理。
2.熟悉光电二极管的基本特性。
3.掌握光电二极管特性测试方法。

二、实验原理

光电二极管(又称光敏二极管)的基本原理是基于半导体材料的光电效应。当半导体材料吸收光辐射时,光子能量被半导体中的电子吸收,从而将光能转化为电子能量。这种能量吸收导致价带中的电子跃迁到导带,形成电子-空穴对。在电场的作用下这些光生载流子(电子和空穴)进行漂移运动,形成光电流。光电二极管能够将光信号转换成电信号,其转换效率与入射光的强度成正比。光电流的大小与入射光的强度、频率以及光电二极管的反向饱和电流有关。光电二极管通常工作在反向偏置条件下,即P型半导体与电源负极相连,N型半导体与电源正极相连。这种结构有助于减小暗电流,提高对光的灵敏度。

光电二极管的结构和普通二极管相似,只是它的PN结装在管壳顶部,光线通过透镜制成的窗口,集中照射在PN结上,图2-8(a)是其结构示意图。光电二极管在电路中通常处于反向偏置状态,基本电路如图2-8(b)所示。

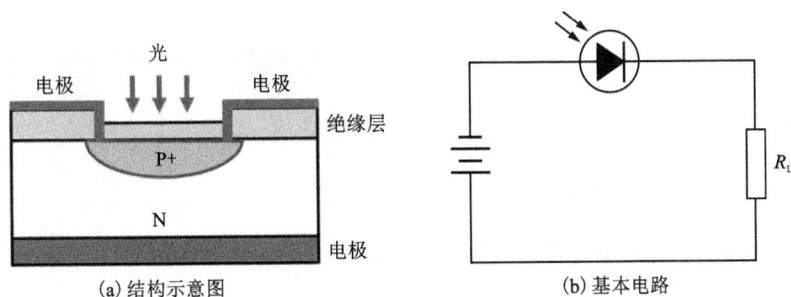

(a) 结构示意图　　　　　(b) 基本电路

图 2-8　光电二极管结构示意图和基本电路

PN结加反向电压时,反向电流的大小取决于P区和N区中少数载流子的浓度,无光照时,P区中少数载流子(电子)和N区中的少数载流子(空穴)都很少,因此反向电流很小。但是当光照射PN结时,只要光子能量大于材料的禁带宽度,就会在PN结及其附近产生光生电子-空穴对,从而使P区和N区少数载流子浓度大大增加,它们在外加反向电压和PN结内电场作用下定向运动,分别在两个方向上渡越PN结,使反向电流明显增大。如果入射光的照度改变,光生电子-空穴对的浓度将相应变动,通过外电路的光电流大小也会随之变动,从而可使光信号通过光电二极管转换成电信号。

三、实验内容和步骤

(一)光电二极管暗电流测试

暗电流测试实验装置原理图如图2-9所示。光电二极管和光电三极管的暗电流非常小,只有纳安数量级,实验操作过程中对电流表的要求较高。本实验中,采用在电路中串联大电阻的方法,将图2-9中的 R_L 大小改为 20 MΩ,再利用欧姆定律 $I=U/R$ 计算出支路中的电流,即为所测器件的暗电流。

（1）组装好光通路组件，将照度计与照度计探头输出正负极对应相连（红为正极，黑为负极），将光源调制单元 J2 与光通路组件光源接口用彩排数据线相连。

（2）将单刀双掷开关 S2 拨到"静态"，将光照度调至最小。

（3）连接好光照度计，将直流电源调至最小，打开照度计，此时照度计的读数应为 0。

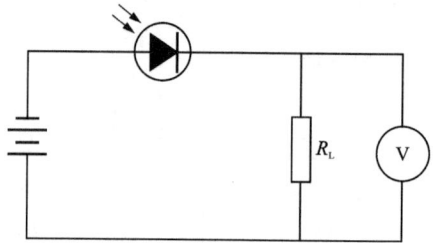

图 2-9　光电二极管暗电流测试
实验装置原理图

（4）选用 0~15 V 可调电源，将电压表直接与电源两端相连，打开电源调节直流电源电位器，使得电压输出为 15 V，关闭电源。

（注：在下面的实验操作中请不要动电源调节电位器，以保证直流电源输出电压不变。）

（5）按图 2-9 连接电路，负载 R_L 选择 20 MΩ。

（6）打开电源开关，等电压表读数稳定后测得负载电阻 R_L 上的压降 $V_暗$，则暗电流 $I_暗 = V_暗/R_L$。所得的暗电流即为偏置电压在 15 V 时的暗电流。

（注：在测试暗电流时，应先将光电器件置于黑暗环境中 30 min 以上，否则测试过程中电压表的读数需较长时间才能稳定。）

（7）实验完毕，将直流电源电位器调至最小，关闭电源，拆除所有连线。

（二）光电二极管光电流测试

光电二极管光电流测试实验装置原理图如图 2-10 所示。

（1）组装好光通路组件，将照度计与照度计探头输出正负极对应相连（红为正极，黑为负极），将光源调制单元 J2 与光通路组件光源接口用彩排数据线相连。

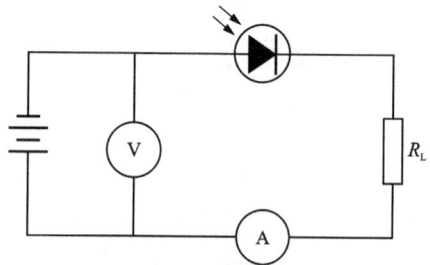

图 2-10　光电二极管光
电流测试实验装置原理图

（2）将单刀双掷开关 S2 拨到"静态"，通过左右切换按钮，将光源颜色切换为白色。

（3）按图 2-10 连接电路，直流电源选择 0~15 V 可调电源，取 R_L 为 1 kΩ。

（4）打开电源，缓慢调节光照度调节电位器，直到光照为 300 lx（约为环境光照），缓慢调节 0~15 V 可调电源直至电压表显示为 6 V，读出此时电流表的读数，即为光电二极管在偏压为 6 V、光照为 300 lx 时的光电流。

（5）实验完毕，将光照度调至最小、直流电源调至最小，关闭电源，拆除所有连线。

（三）光电二极管光电特性测试

光电特性测试实验装置原理图如图 2-10 所示。

（1）组装好光通路组件，将照度计与照度计探头输出正负极对应相连（红为正极，黑为负极），将光源调制单元 J2 与光通路组件光源接口用彩排数据线相连。

（2）将单刀双掷开关 S2 拨到"静态"，左右切换按钮，将光源颜色切换为白色。

（3）按图 2-10 连接电路，直流电源选择 0~15 V 可调电源，取负载 R_L 为 1 kΩ。

(4)将光照度调节旋钮逆时针调至最小值位置。打开电源，调节 0~15 V 可调电源电位器，直到显示值为 8 V 左右，顺时针调节光照度调节旋钮，增大光照度值，分别记下不同照度下对应的光生电流值，填入表 2-4。若电流表或照度计显示"1_"，说明超出量程，应改为合适的量程再测试。

表 2-4　光电二极管光电特性测试数据表 1

光照度/lx	0	100	300	500	700	900
光生电流/μA						

(5)将光照度调节旋钮逆时针调节到最小值位置，关闭电源。

(6)将连接电路改为如图 2-11 所示连接电路(即 0 偏压)。

(7)打开电源，顺时针调节光照度旋钮，增大光照度值，分别记下不同照度下对应的光生电流值，填入表 2-5。若电流表或照度计显示为"1_"，说明超出量程，应改为合适的量程再测试。

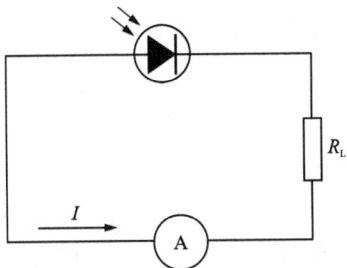

图 2-11　光电二极管光电特性测试实验装置原理图

表 2-5　光电二极管光电特性测试数据表 2

光照度/lx	0	100	300	500	700	900
光生电流/μA						

(8)根据上述实验数据，在同一坐标轴中作出两条曲线，并进行比较。

(9)实验完毕，将光照度调至最小，直流电源调至最小，关闭电源，拆除所有连线。

(四)光电二极管伏安特性测试

光电二极管伏安特性测试实验装置原理图如图 2-12 所示。

(1)组装好光通路组件，将照度计与照度计探头输出正负极对应相连(红为正极，黑为负极)，将光源调制单元 J2 与光通路组件光源接口用彩排数据线相连。

(2)将单刀双掷开关 S2 拨到"静态"，左右切换按钮，将光源颜色切换为白色。

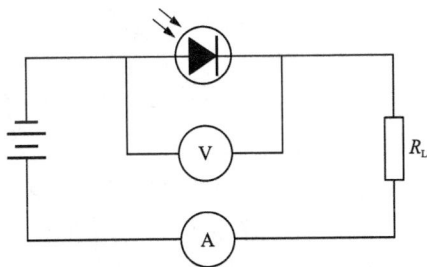

图 2-12　光电二极管伏安特性测试实验装置原理图

(4)按图 2-12 连接电路，电源选择 0~15 V 可调电源，负载 R_L 选择 2 kΩ。

(5)打开电源，顺时针调节光照度调节旋钮，使照度值为 500 lx，保持光照度不变，调节 0~15 V 可调电源电位器，记录反向偏压为 0 V、2 V、4 V、6 V、8 V、10 V、12 V 时的电流表读数，填入表 2-6，关闭电源。

(注：直流电源不可调至高于 20 V，以免烧坏光电二极管。)

表2-6　光电二极管伏安特性测试数据表

偏压/V	0	-2	-4	-6	-8	-10	-12
光生电流/μA							

（6）根据上述实验结果，作出 500 lx 照度下的光电二极管伏安特性曲线。

（7）重复上述步骤。分别测量光电二极管在 300 lx 和 800 lx 照度下，不同偏压下的光生电流值，在同一坐标轴作出伏安特性曲线，并进行比较。

（8）实验完毕，将光照度调至最小，直流电源调至最小，关闭电源，拆除所有连线。

（五）光电二极管时间响应特性测试

（1）组装好光通路组件，将照度计与照度计探头输出正负极对应相连（红为正极，黑为负极），将光源调制单元 J2 与光通路组件光源接口用彩排数据线相连，将台体右下角的方波输出用 BNC 线连接到光源调制板的方波输入，正弦波输入用 BNC 线连接到示波器第一通道（正弦波输入与方波输入两个接口在台体内部是并联的）。

（2）将单刀双掷开关 S2 拨到"脉冲"，左右切换按钮，将光源颜色切换为白色。

（3）按图 2-13 连接电路，电源选用 0~15 V 可调电源，负载 R_L 选择 200 kΩ。

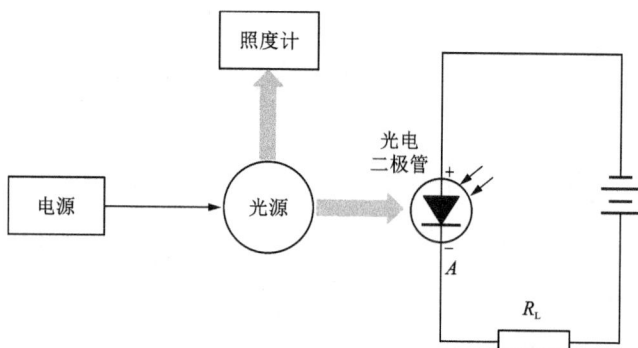

图 2-13　光电二极管时间响应特性测试实验装置原理图

（4）打开电源，白光对应的发光二极管亮，其余的发光二极管不亮，用示波器的第二通道测量 A 点的响应波形。

（5）观察示波器两个通道信号，缓慢调节 0~15 V 可调电源电位器，直到在示波器上观察到清晰信号为止，并作实验记录（描绘出两个通道波形）。

（6）缓慢调节脉冲宽度调节电位器，增大输入信号的脉冲宽度，观察示波器两个通道信号的变化，作实验记录（描绘出两个通道的波形）并进行分析。

（7）实验完毕，关闭电源，拆除导线。

（六）光电二极管光谱特性测试

当不同波长的入射光照射到光电二极管上，光电二极管就有不同的灵敏度。本实验仪采用高亮度 LED（白、红、橙、黄、绿、蓝、紫）作为光源，产生 400~630 nm 离散光谱。光谱响应度是光电探测器对单色入射辐射的响应能力，定义为在波长为 λ 的光的单位入射功

率的照射下，光电探测器输出的信号电压或信号电流，即

$$\Re_v(\lambda) = \frac{V(\lambda)}{P(\lambda)} \text{ 或 } \Re_i(\lambda) = \frac{I(\lambda)}{P(\lambda)} \tag{2-1}$$

式中：$P(\lambda)$ 为波长为 λ 时的入射光功率；$V(\lambda)$ 为光电探测器在入射光功率 $P(\lambda)$ 作用下的输出信号电压；$I(\lambda)$ 为输出用电流表示的输出信号电流。本实验所采用的方法是基准探测器法，在相同光功率的辐射下，则有

$$\Re(\lambda) = \frac{UK}{U_f}\Re_f(\lambda) \tag{2-2}$$

式中：U_f 为基准探测器显示的电压值；K 为基准电压的放大倍数；$\Re_f(\lambda)$ 为基准探测器的响应度。在测试过程中，U_f 取相同值，则实验所测试的响应度大小由 $\Re(\lambda) = U\Re_f(\lambda)$ 的大小确定。图 2-14 为基准探测器的光谱响应曲线。

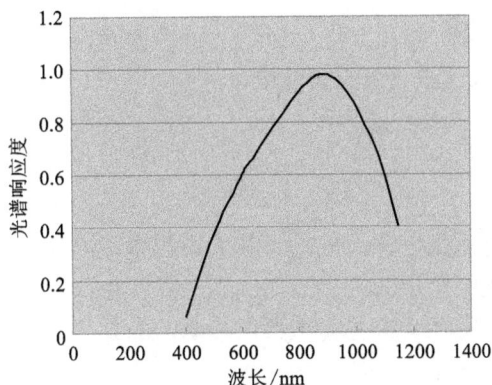

图 2-14 基准探测器的光谱响应曲线

（1）组装好光通路组件，将照度计与照度计探头输出正负极对应相连（红为正极，黑为负极），将光源调制单元 J2 与光通路组件光源接口使用彩排数据线相连。

（2）将单刀双掷开关 S2 拨到"静态"，将光照度调至最小。

（3）将 0~15 V 可调电源正负极直接与电压表相连，打开电源，调节电源电位器至电压表读数为 10 V，关闭电源。

（4）按图 2-15 连接电路，R_L 取 100 kΩ。

（5）打开电源，缓慢调节光照度调节电位器到最大，依次切换不同颜色的光源，分别记录照度计所测数据，并将其中最小值"E"作为参考。

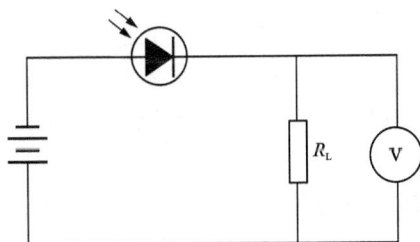

图 2-15 光电二极管光谱特性测试实验装置原理图

（6）切换到白光，缓慢调节电位器直到照度计显示为 E，将电压表测试所得的数据填入表 2-7，再切换到红光。

（7）依次测试出橙光、黄光、绿光、蓝光、紫光在光照度 E 下电压表的读数，并填入表 2-7。

表 2-7 光电二极管光谱特性测试数据表

波长/nm	630(红)	605(橙)	585(黄)	520(绿)	460(蓝)	400(紫)
基准响应度	0.65	0.61	0.56	0.42	0.25	0.06
R 电压 U/mV						
光电流(U/R)/A						
响应度						

(8)根据所测试得到的数据,画出光电二极管的光谱特性曲线。

四、数据处理和结果分析

根据所测试得到的数据,画出光电二极管的特性曲线(打印图片粘贴在实验报告相应位置),并与已有特性曲线比较,分析实验结果。

五、思考题

1. 光电二极管的暗电流是怎样形成的?其大小与哪些因素有关?
2. 为什么不同材料光电二极管的光谱曲线不一样?由什么因素决定?
3. 光电二极管的频率特性受哪些物理参数影响?

2.3 光电三极管特性测试

一、实验目的

1. 理解光电三极管的工作原理。
2. 熟悉光电三极管的基本特性。
3. 掌握光电三极管特性测试的方法。

二、实验原理

光电三极管(又称光敏三极管)与光电二极管的基本原理相同,都是基于内光电效应。光敏三极管有两个 PN 结,因而可以获得电流增益,它比光电二极管具有更高的灵敏度。其结构如图 2-16(a)所示。当光电三极管按图 2-16(b)所示的电路连接时,它的集电结反向偏置,发射结正向偏置,无光照时仅有很小的穿透电流流过,当光线通过透明窗口照射集电结时,和光电二极管的情况相似,将使流过集电结的反向电流增大,这就造成基区中正电荷的空穴的积累,发射区中的多数载流子(电子)将大量注入基区,由于基区很薄,只有一小部分从发射区注入的电子与基区的空穴复合,而大部分电子将穿过基区流向与电源正极相接的集电极,形成集电极电流。这个过程与普通三极管的电流放大作用相似,它使集电极电流变为原始光电流的$(1+\beta)$倍。这样,集电极电流将随入射光照度的改变而更加明显地变化。在光电二极管的基础上,为了获得内增益,利用晶体三极管的电流放大作用,用 Ge 或 Si 单晶体制造了 NPN 或 PNP 型光电三极管。其结构使用电路及等效电路如图 2-16(b)(c)所示。

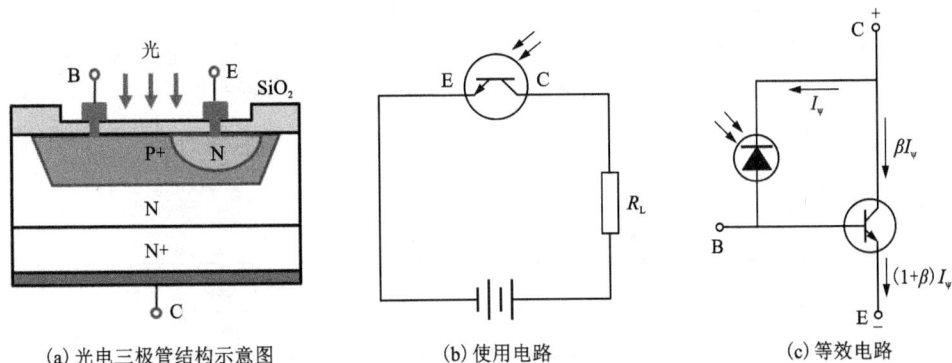

| (a) 光电三极管结构示意图 | (b) 使用电路 | (c) 等效电路 |

图 2-16　光电三极管结构、使用电路及等效电路

光电三极管可以等效为一个光电二极管与另一个一般晶体管的基极和集电极并联:集电极-基极产生的电流,输入到三极管的基极再放大。但光电三极管的集电极电流(光电流)由集电结上产生的 I_ψ 控制。集电极起双重作用:把光信号变成电信号,起光电二极管作用;使光电流再放大,起一般三极管的集电结作用。一般情况下,光敏三极管只引出 E、C 两个电极,体积小,光电特性是非线性的,作为光电开关广泛应用于光电自动控制。

三、实验内容和步骤

(一)光电三极管光电流测试

(1)组装好光通路组件,将照度计与照度计探头输出正负极对应相连(红为正极,黑为负极),将光源调制单元 J2 与光通路组件光源接口使用彩排数据线相连。

(2)将单刀双掷开关 S2 拨到"静态",左右切换按钮,将光源颜色切换为白色。

(3)按图 2-17 连接电路,直流电源选用 0~15 V 可调电源,R_L 取 1 kΩ,光电三极管 C 极对应组件上红色护套插座,E 极对应组件上黑色护套插座。

(4)打开电源,缓慢调节光照度调节电位器,直到光照为 300 lx(约为环境光照),缓慢调节 0~15 V 可调电源到电压表显示为 6 V,读出此时的电流表的读数,即为光电三极管在偏压 6 V、光照 300 lx 时的光电流。

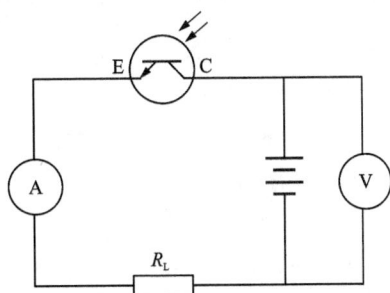

图 2-17　光电三极管光电流测试实验装置原理图

(5)实验完毕,将光照度调至最小,直流电源调至最小,关闭电源,拆除所有连线。

(二)光电三极管光电特性测试

(1)组装好光通路组件,将照度计与照度计探头输出正负极对应相连(红为正极,黑为负极),将光源调制单元 J2 与光通路组件光源接口用彩排数据线相连。

(2)将单刀双掷开关 S2 拨到"静态",左右切换按钮,将光源颜色切换为白色。

(3)按图 2-17 连接电路,电源选用 0~15 V 可调电源,取负载 $R_L=1$ kΩ。

(4)将光照度调节旋钮逆时针调节至最小值位置。打开电源,调节直流电源电位器,直到显示值为 6 V 左右,顺时针调节光照度调节旋钮,增大光照度值,分别记下不同照度下对应的光生电流值,填入表 2-8。若电流表或照度计显示"1_",说明超出量程,应改为合适的量程再测试。

表 2-8　光电三极管光电特性测试数据表 1

光照度(6 V)/lx	0	100	300	500	700	900
光生电流/μA						

(5)调节直流电源输出到 10 V 左右,重复上述步骤(4),改变光照度值,将测试的电流值填入表 2-9。

表 2-9　光电三极管光电特性测试数据表 2

光照度(10 V)/lx	0	100	300	500	700	900
光生电流/μA						

(6)根据上面测试所得的两组数据,在同一坐标轴中描绘光电特性曲线并进行分析。

(7)实验完毕,将光照度调至最小,直流电源调至最小,关闭电源,拆除所有连线。

(三)光电三极管伏安特性测试

光电三极管伏安特性测试实验装置原理图如图 2-18 所示。

(1)组装好光通路组件,将照度计与光照度计探头输出正负极对应相连(红为正极,黑为负极),将光源调制单元 J2 与光通路组件光源接口用彩排数据线相连。

(2)将单刀双掷开关 S2 拨到"静态",左右切换按钮,将光源颜色切换为白色。

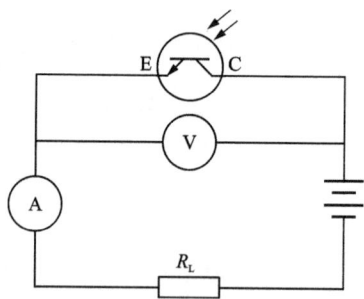

图 2-18　光电三极管伏安特性测试
实验装置原理图

(4)按图 2-18 连接电路,电源选择 0~15 V 可调电源,负载 R_L 选择 2 kΩ。

(5)打开电源顺时针调节光照度调节旋钮,使照度值为 200 lx,保持光照度不变,调节电源电压电位器,记下反向偏压为 0 V、1 V、2 V、4 V、6 V、8 V、10 V、12 V 时的电流表读数,填入表 2-20,关闭电源。

(注:直流电源不可调至高于 30 V,以免烧坏光电三极管)

表 2-10 光电三极管伏安特性测试数据表

偏压(200 lx)/V	0	1	2	4	6	8	10	12
光生电流/μA								

(6)根据上述实验结果,作出 200 lx 照度下的光电三极管伏安特性曲线。

(7)重复上述步骤。分别测量光电三极管在 100 lx 和 500 lx 照度下,不同偏压下的光生电流值,在同一坐标轴作出伏安特性曲线,并进行比较。

(8)实验完毕,将光照度调至最小,直流电源调至最小,关闭电源,拆除所有连线。

(四)光电三极管时间响应特性测试

(1)组装好光通路组件,将照度计与照度计探头输出正负极对应相连(红为正极,黑为负极),将光源调制单元 J2 与光通路组件光源接口用彩排数据线相连,将台体右下角的方波输出用 BNC 线连接到光源调制板的方波输入,正弦波输入用 BNC 线连接到示波器第一通道(正弦波输入与方波输入两个接口在台体内部是并联的)。

(2)将单刀双掷开关 S2 拨到"脉冲",左右切换按钮,将光源颜色切换为白色。

(3)按图 2-17 连接电路,负载 R_L 选择 1 kΩ。

(4)示波器的测试点应为光电三极管的 C、E 两端,即光电三极管封装组件输出的红、黑端。

(5)打开电源,白光对应的发光三极管亮,其余的发光三极管不亮,用示波器的第二通道测量光电三极管组件的输出。

(6)观察示波器两个通道信号,缓慢调节直流电源电位器直到示波器上观察到信号清晰为止,并作实验记录(描绘出两个通道波形)。

(7)缓慢调节脉冲宽度调节电位器,增大输入信号的脉冲宽度,观察示波器两个通道信号的变化,作实验记录(描绘出两个通道的波形)并进行分析。

(8)实验完毕,关闭电源,拆除导线。

(五)光电三极管光谱特性测试

当不同波长的入射光照射到光电三极管上,光电三极管就有不同的灵敏度。本实验仪采用高亮度 LED(白、红、橙、黄、绿、蓝、紫)作为光源,产生 400~630 nm 离散光谱。光谱响应度是光电探测器对单色入射辐射的响应能力,定义为在波长为 λ 的光的单位入射功率的照射下,光电探测器输出的信号电压或信号电流,即为

$$\Re_v(\lambda) = \frac{V(\lambda)}{P(\lambda)} \text{ 或 } \Re_i(\lambda) = \frac{I(\lambda)}{P(\lambda)} \tag{2-3}$$

式中:$P(\lambda)$ 为波长为 λ 时的入射光功率;$V(\lambda)$ 为光电探测器在入射光功率 $P(\lambda)$ 作用下的输出信号电压;$I(\lambda)$ 为输出用电流表示的输出信号电流。本实验所采用的方法是基准探测器法,在相同光功率的辐射下,则有

$$\Re(\lambda) = \frac{UK}{U_f}\Re_f(\lambda) \tag{2-4}$$

式中:U_f 为基准探测器显示的电压值;K 为基准电压的放大倍数;$\Re_f(\lambda)$ 为基准探测器的

响应度。在测试过程中，U_f 取相同值，则实验所测试的响应度大小由 $\Re(\lambda) = U\Re_f(\lambda)$ 的大小确定。图 2-19 为基准探测器的光谱响应曲线。

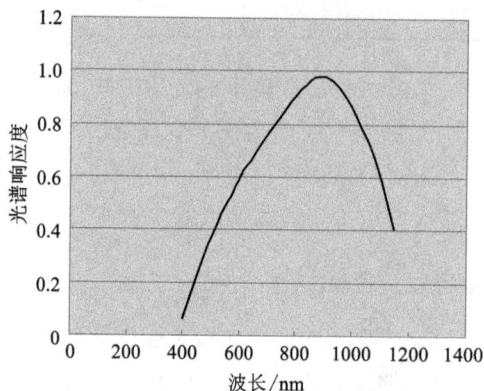

图 2-19　基准探测器的光谱响应曲线

（1）组装好光通路组件，将照度计与照度计探头输出正负极对应相连（红为正极，黑为负极），将光源驱动及信号处理模块上 J2 与光通路组件光源接口使用彩排数据线相连。

（2）将开关 S2 拨到"静态"。

（3）将 0~15 V 直流电源输出调节到 10 V，关闭电源。

（4）按图 2-20 连接电路，电源选择 0~15 V 直流电源，取 $R_L = 100$ kΩ。

（5）打开电源，缓慢调节光照度调节电位器到最大，通过左切换和右切换开关，将光源输出切换成不同颜色，记录照度计所测数据，并将最小值"E"作为参考。

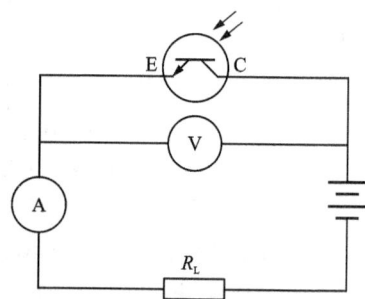

图 2-20　光电三极管光谱特性测试装置原理图

（6）分别测试出红光、橙光、黄光、绿光、蓝光、紫光在光照度 E 下电压表的读数，填入表 2-11。

表 2-11　光电三极管光谱特性测试数据表

波长/nm	630（红）	605（橙）	585（黄）	520（绿）	460（蓝）	400（紫）
基准响应度	0.65	0.61	0.56	0.42	0.25	0.06
R 电压 U/mV						
光电流（U/R）/A						
响应度						

（7）根据测试得到的数据，画出光电三极管的光谱特性曲线。

四、数据处理和结果分析

根据测试得到的数据，画出光电三极管的特性曲线（打印图片粘贴在实验报告相应位置），并与已有特性曲线比较，分析实验结果。

五、思考题

1. 与光电二极管相比，光电三极管特性的主要不同之处是什么？
2. 光电三极管的增益受哪些因素影响？
3. 比较分析光电二极管和光电三极管的频率特性。

附录一：光电探测器特性测试实验平台说明

光电探测器特性测试实验平台是光电检测器件特性测试的实验仪，主要研究光电检测器件的基本特性，如光电特性、伏安特性、光谱特性、时间响应特性等。光电检测器件可根据用户的需求进行选择，如光敏电阻、硅光电池、光电二极管、光电三极管、APD 光电二极管、PIN 光电二极管、色敏光电二极管、光电倍增管等。

GCGDTC-C 型光电探测器特性测试实验平台的主台体为必配部分，光电器件的封装为选配部分。电路 PCB 板镶嵌于台体内，光通路组件可置于台体左上角，台体右侧为负载区，右下角为标准信号发生区，台体斜面镶嵌有表头及电源，台体配有抽屉，这样不仅可以让学生对整个实验系统的光通路一目了然，增强学生对系统的理解，而且美观大方，方便光电器件存放。整个实验系统采用模块化设计，包括光源驱动单元、信号发生单元、信号测试单元、光源指示单元等；配备有 0~15 V，0~200 V，-1000~0 V 三种可调的直流电压源，可为光电器件提供偏置电压。本实验仪器各表头显示单元和各种调节单元都在面板上，学生做实验时只需要简单连线即可实现相应的功能，连线、调节、观察和记录都很方便。实验箱还配备了 51~20 MΩ 电阻，可供学生配合其他元件自行搭配，提高学生动手动脑能力。

台体各部分图文说明如图 2-21 所示。

结构封装引脚说明：

光敏电阻	红色与黑色输出不分正负极
光电二极管	红色为 P 极，黑色为 N 极
光电三极管	红色为 C 极，黑色为 E 极
硅光电池	红色为正极，黑色为负极
PIN 光电二极管	红色为 P 极，黑色为 N 极
APD 光电二极管	红色为 P 极，黑色为 N 极
色敏传感器	红色为 P 极，黑色为 N 极
光照度计探头	红色为照度计正极，黑色为照度计负极
光电倍增管	详见结构件表面丝印

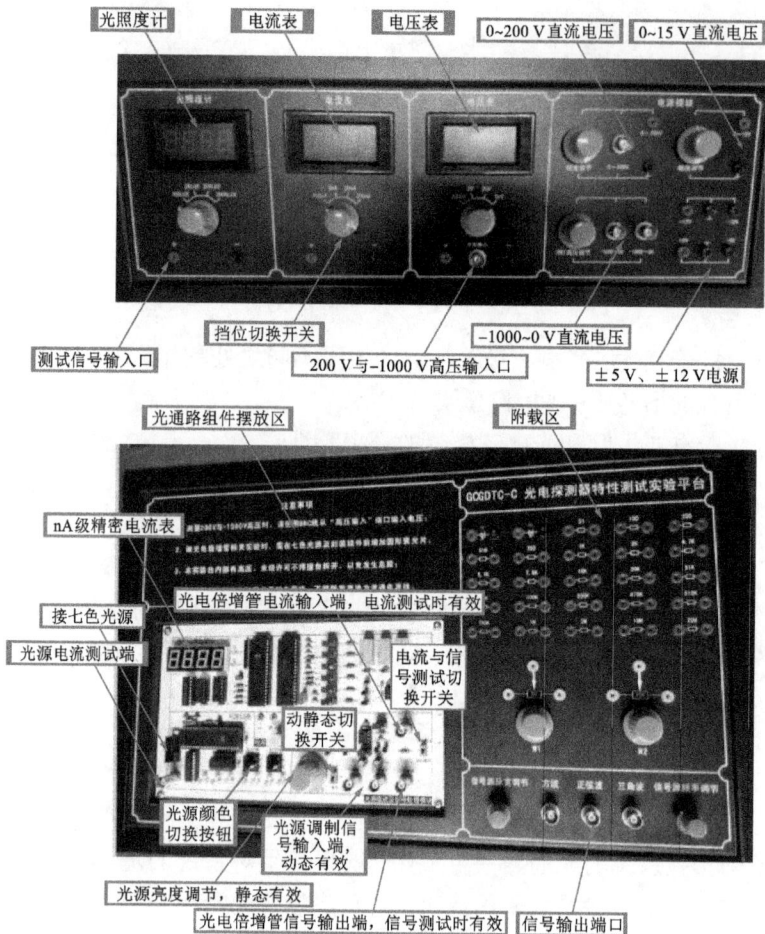

图 2-21 台体各部分图文说明

注意事项

1. 实验之前,请仔细阅读光电探测器特性测试实验平台说明,弄清实验平台各部分的功能及拨位开关的意义。

2. 当电压表和电流表显示为"1_"时,说明超过量程,应更换为合适量程。

3. 连线之前保证电源关闭。

学科前沿研究和应用案例——半导体光电器件领域

二硫化钼(MoS_2)的二维材料由于其具有可调带隙、高载流子迁移率和良好的光吸收性能,被认为是下一代光电器件较有潜力的候选材料之一。从电路仿真和系统验证的角度,有必要建立 MoS_2/p-Si 光电二极管等效电路模型。Li Feng 等在 2024 年发表的论文中建立了 MoS_2/p-Si 光电二极管的 SPICE(simulation program with integrated circuit emphasis)等效电路模型,如图 2-22 所示[1]。该模型可用于 2D 器件的光电特性仿真研究,如图 2-23 所示。基于该模型他们研究了 MoS_2/p-Si 光电二极管光响应和电流传输过程,仿真结果与实验测试结果一致。

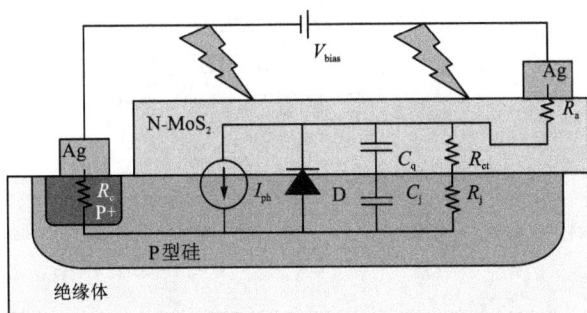

(a) MoS₂/p-Si 光电二极管横截面示意图

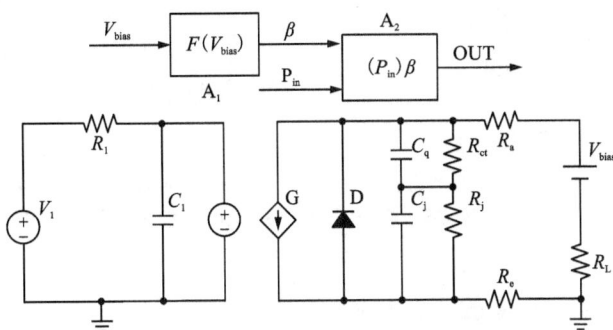

(b) 光电二极管SPICE模型等效电路

图 2-22　MoS₂/p-Si 光电二极管结构和等效电路模型

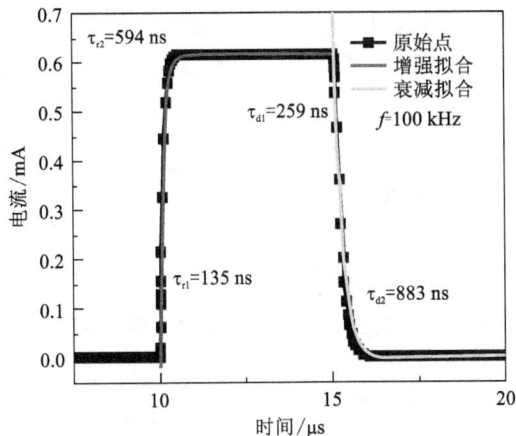

图 2-23　基于 SPICE 模型的 MoS₂/p-Si 光电二极管动态响应特性仿真结果

Mesut Yalcin 等制作了 ZnO-SnO₂ 二氧化物纳米复合材料，然后用涂滴法覆盖在 p-Si 上，做成了一种 Al/p-Si/ZnO-SnO₂/Al 结构的光电二极管，如图 2-24 所示[2]。这种器件的 I-V 特性理想因子值为 4.16~6.07，Cheung-Cheung 法理想因子值为 2.14~5.46。最低串联电阻值：张氏法为 2658 Ω，Norde 法为 38.74 Ω。势垒高度：I-V 法为 0.17~0.19 eV，Cheung-Cheung 法为 0.42~0.72 eV，Norde 法为 0.57~0.61 eV。该器件响应率非常高，但响应率 R 的值随光强的增大反而减小，探测率的变化也一样。在光强为 20 mW/cm² 时，

有最大 R 值 3069 mA/W；在光强为 80 mW/cm² 时，有最小 R 值 1981 mA/W。在光强为 20 mW/cm² 时有最大探测率 $2.36×10^{11}$ Jones（cm·Hz^{0.5}/W），在光强为 100 mW/cm² 时，有最小探测率 $1.31×10^{11}$ Jones。其中，10^{11} 量级的探测率表明该光电二极管有很好的开关能力。

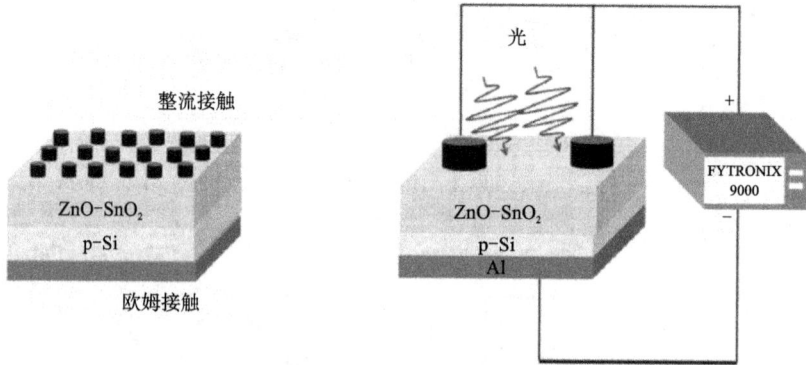

图 2-24 Al/p-Si/ZnO-SnO₂/Al 光电二极管结构示意图

Mg_2Si 作为一种天然丰富的环保材料，在近红外波段吸收系数高，应用于光电二极管中对替代市面上普遍使用的含有毒元素的红外探测器具有重要意义。王傲霜等采用 Silvaco 软件中 Atlas 模块构建出以 Mg_2Si 为吸收层的吸收层、电荷层和倍增层分离结构 Mg_2Si/Si 雪崩光电二极管（SACM-APD），结构如图 2-25 所示[3]。他们研究了电荷层和倍增层的厚度以及掺杂浓度对雪崩光电二极管的内部电场分布、穿通电压、击穿电压、$C-V$ 特性和瞬态响应的影响，分析了偏置电压对 $I-V$ 特性和光谱响应的影响，得到了雪崩光电二极管初步优化后的穿通电压、击穿电压、暗电流密度、增益系数(M_n)和雪崩效应后对器件电

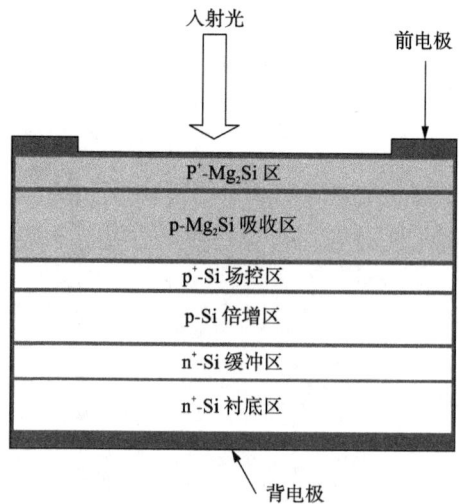

图 2-25 SACM-APD 结构示意图

流的放大倍数(M)。当入射光波长为 1.31 μm，光功率为 0.01 W/cm² 时，光电二极管的穿通电压为 17.5 V，击穿电压为 50 V，在外加偏压为 47.5 V（0.95 倍击穿电压）下，器件的光谱响应在波长为 1.1 μm 处取得峰值 25 A/W，暗电流密度约为 $3.6×10^{-5}$ A/cm²，Mn 为 19.6，且 M_n 在器件击穿时有最大值 102，M 为 75.4。通过优化器件结构参数，为高性能的器件结构设计和实验制备提供理论指导。

褚旭龙等研究了一种限边馈膜生长工艺的 $\beta-Ga_2O_3$ 肖特基光电二极管，图 2-26 是其能带结构示意图[4]。该器件在±5 V 时反向泄漏电流为纳安量级，整流率 10^4。另外，在零偏差和自供电情况下，光电二极管探测器暗电流仅 0.3 pA，光响应率 2.875 mA/W，极限

探测率 10^{10} Jones，外部量子效率 1.4%，探测效果良好。研究结果推动了 Ga_2O_3 肖特基光电探测器模块的构建与发展。

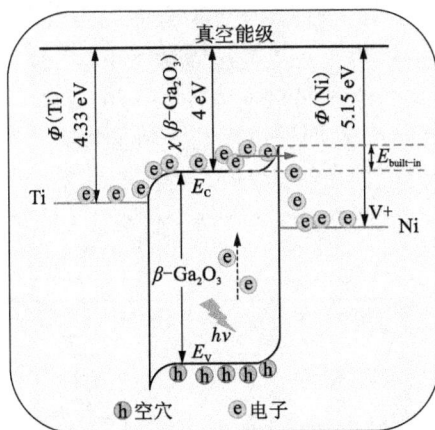

图 2-26　β-Ga_2O_3 肖特基光电二极管能带结构示意图

光敏电阻典型的实际应用是控制路灯"晚上亮灯、白天不亮"，它也可以用于太阳能板光源自动跟踪装置[5]。该装置在太阳能板 4 个方位对称地安装光敏电阻，并置于二维转动云台上，如图 2-27 所示。自动模式且弱光环境下，能自动跟踪点光源位置变化，确保太阳能板跟踪光源转动，时刻对准光源方向，接收最大光照。该装置能在 6 s 内完成转向对准光源，先水平角方位转动，后俯仰角方位转动，中间停顿约 1 s。该装置也可在手动模式下，通过按键调节太阳能板转动。

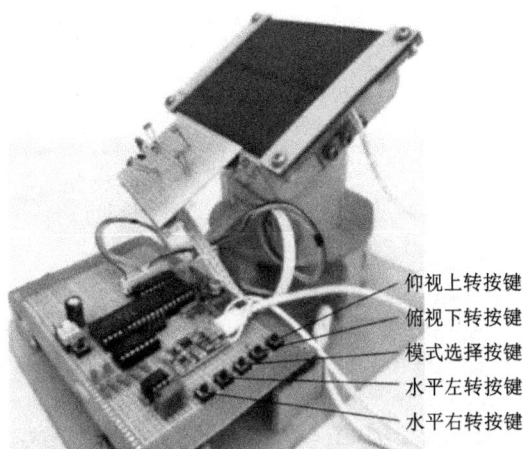

仰视上转按键
俯视下转按键
模式选择按键
水平左转按键
水平右转按键

图 2-27　太阳能板光源自动跟踪装置实物图

位置传感器 PSD（position sensitive detector）是一种特殊结构的 PIN 光电二极管，具有位置分辨率高、反应电流简单、快速（与光点位置有关）等优点。PSD 的位置信号数据与光点在探测器上的形状无关。PSD 广泛应用于远程光学控制系统、位移和振动监测、光学位置和角度的测量与控制、自动范围探测系统等，一种基于光信号和 PSD 的控制装置的发明专利就用到了这种器件[6]。其发明装置包括光信号发生器和接收控制器，光信号发生器包括光信号发生控制单元和 LED 光源，接收控制器包括成像透镜、PSD 位置传感器和接收控制电路，LED 光源发出的光信号通过成像透镜后成像在 PSD 位置传感器上，PSD 位置传感器的输出端和接收控制电路相连，接收控制电路上设有用于与外部受控设备相连的控制输出端子。PSD 位置传感器接受 LED 光源发出的信号光后产生对应的电流信号，电流信号经过 PSD 信号处理控制器处理并比对，信号正确则触发外部受控设备正常运行，信号不正确则控制报警器报警，从而对需要严格控制的外部受控设备起到保密性极高的安全控制作用。

应用激光信号和光敏二极管的优点，一种基于光密码的安全控制装置被提出，该装置具有抗干扰能力强、安全性极高、使用方便、成本低、应用范围广的优点[7]。其发明装置包括光密码器和接收控制器，光密码器包括相互连接的光密码发生单元和电源控制单元，接收控制器包括电源单元及依次相连的光密码接收单元、控制驱动单元和报警单元。电源控制单元控制光密码发生单元向接收控制器发射信号光，光密码接收单元在收到正确的信号光时向控制驱动单元发送信号，从而通过控制驱动单元实现对外部设备的安全控制；光密码接收单元在收到不正确的信号光时，会通过控制驱动单元驱动报警单元发出警报，从而实现对控制目标的安全控制。图 2-28 是接收控制器结构原理图。

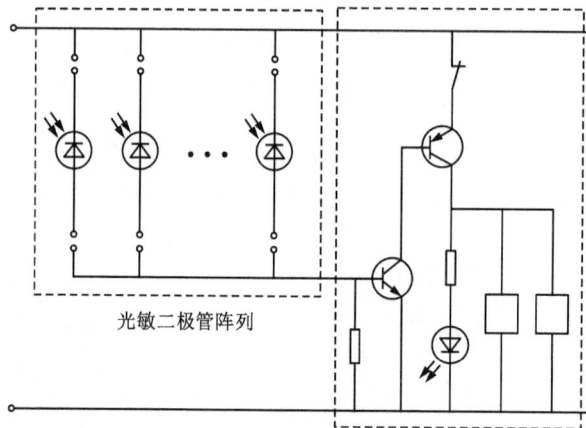

光敏二极管阵列

图 2-28　接收控制器结构原理图

参考文献

［1］Li F, Zhang S, Jiang Y F. SPICE model of $MoS_2/p-Si$ photodiode［J］. Solid-State Electronics, 2024, 212：108848.

［2］Mesut Y, Aysegul D, Fahrettin Y. $ZnO-SnO_2$ binary oxide nanocomposite photodiode and photonic applications［J］. Materials Science and Engineering B, 2024, 300：117125.

［3］王傲霜, 肖清泉, 陈豪, 等. Mg_2Si/Si 雪崩光电二极管的设计与模拟［J］. 物理学报, 2021, 70 (10)：108501.

［4］Chu X L, Liu Z, Zhi Yu S, et al. Self-powered solar-blind photodiodes based on EFG-grown (100)-dominant $\beta-Ga_2O_3$ substrate［J］. Chinese Physics B, 2021(1)：547-551.

［5］李加定, 万若楠, 曾庆瑞. 基于光敏电阻的太阳能板光源自动跟踪演示装置［J］. 物理实验, 2022, 42(11)：37-41.

［6］彭润伍. 一种基于光信号和 PSD 的控制装置：CN201611196906.0［P］. CN106600787B.

［7］彭润伍. 一种基于光密码的安全控制装置：CN201410501058.4［P］. CN104346853A.

拓展阅读

王守武：为中国半导体奠基的"大王先生"

1990 年，北京中关村，一位 71 岁的老人表情凝重，在中国人民政治协商会议第七届全国委员会第三次会议的提案中一笔一画写下了自己的忧虑。

"要想发展我国的微电子工业，光靠引进是不行的。"

"想从西方国家引进先进的微电子技术和装备纯属幻想。"

"我们必须以自力更生为主来加速发展我国的微电子工业。"

……

这位极具前瞻性的老人就是我国半导体微电子和光电子科技事业的奠基人之一、中国科学院院士王守武。他不仅有深谋远虑的头脑，更有灵巧异常的双手。他为我国设计的第一台单晶炉，拉制出了第一根锗单晶、第一根硅单晶，研制成功第一只砷化镓半导体激光器……

1950 年 9 月，已在美国普渡大学任教的王守武和夫人葛修怀决意放弃优厚的待遇，回到百废待兴的新中国。至于回国后做什么，王守武并没有设定目标。他只有一个朴素的想法，国家需要什么就干什么。

1947 年底，贝尔实验室发明了晶体管，这意味着半导体登上了国际舞台，信息技术革命由此开启。1956 年，我国制定《1956—1967 年科学技术发展远景规划》，半导体科学发展被列为四大紧急措施之一。在专门成立的半导体科学技术发展规划制定小组中，王守武担任副组长。1956 年，应用物理研究所在电学组基础上成立了半导体研究室，这是我国最早的半导体研究机构，王守武任主任。是年，王守武 37 岁，等待他的是一片全新的领域。1959 年 5 月，应用物理研究所依照中国科学院的指示，开启把半导体研究室扩建为研究所的准备工作。1960 年 9 月，中国科学院半导体研究所（以下简称半导体所）在北京正式成立，王守武任业务副所长。从此，在半导体所的院子里，人们总能看到他骑着自行车来来往往的身影。

而从应用物理研究所半导体研究室成立到半导体所成立这短短几年里，在王守武的组织领导下，半导体研究室取得了一系列开创性成果，成就了多个"第一"——成功研制我国第一根锗单晶、成功研制我国第一根硅单晶并实现我国硅单晶的实用化、研制成功我国第一只锗合金扩散高频晶体管、成功参与研制我国第一台大型晶体管计算机……

其间，王守武亲自参与了这些研究工作，并破解了很多技术难题，如"跳硅"问题。硅材料是制备晶体管和集成电路芯片最重要的材料。1957 年，王守武亲手设计了我国第一台拉制半导体锗材料的单晶炉，并于 11 月成功拉制我国首根锗单晶。后来成为中国科学院院士的林兰英，在当时提出研制硅单晶，并决定用拉锗单晶的炉拉制硅单晶。硅的熔点为 1420 ℃，对设备的要求相对较高，但只有这一台单晶炉可以用。因为没有经验和急于求成，出现过几次"跳硅"和籽晶熔化现象。

硅经过加热熔化后，经常发生气体从石英坩埚底部冒出，从而把熔硅也一起带出的现象，被称为"跳硅"。了解到这一情况后，王守武细心观察，发现熔硅所处位置的温度过高，与石英坩埚化学反应剧烈，从而产生大量气态反应物，在炉内的真空状态下溢出，引起熔硅喷溅。他随即提出具体改进意见，建议改进加热器设计。加热器改进后，再进行实验时，王守武一动不动站在炉前，看着硅慢慢熔化，这一次，熔硅安安静静地在旋转的石英坩埚中不再"跳"了。

王院士动手能力特别强，半导体所很多设备是他亲自画图加工的。他事必躬亲，像这样从设备到战略都能"一把抓"的院士是很少有的。勤于动手实践，这一习惯贯穿了王守武一生，成为他生活和科研中的显著特点之一，也在半导体技术和应用的研究工作中发挥出明显优势。正因如此，"大王先生"不仅在半导体理论上有扎实的基础，还成了无出其右的实验物理学家。

1956年底，中国科学院派出赴苏考察团，参加半导体方面考察的有王守武等人。当时，苏联比较重视热电技术，认为其是半导体研究的主要方向。而王守武等人则认为，半导体电子学才是当时最有应用前景的领域，是我国最应该着力发展的方向。后来的发展表明，半导体电子学迅速发展，成为信息技术革命的基础。20世纪60年代后，随着半导体激光器和光导纤维技术的出现，半导体光信息技术得到广泛应用。而半导体热电技术虽有所进展，影响却远不及前两个方向。

王守武院士在他的入党志愿书中写道："我愿为共产主义目标的实现而奋斗到底，愿把我的一切献给党的事业，愿全心全意为人民服务，愿在实际斗争中受到锻炼和考验。"王守武院士强烈的爱国热忱、渊博的知识、求实的学风、坦荡的胸怀和对我国微电子事业的无限深情，使他成为我们的楷模，他永远是我们学习的榜样。

（参考《中国科学报》2023年11月16日第4版"风范"）

实验三
莫尔效应及光栅传感实验

一、实验目的

1. 理解并掌握莫尔效应的产生机理。
2. 了解光栅传感器的结构。
3. 观察直线光栅、径向圆光栅、切向圆光栅的莫尔条纹并验证其特性。
4. 用直线光栅测量线位移,用圆光栅测量角位移。

二、实验原理

几百年前,法国人莫尔发现一种现象:当两层莫尔丝绸叠在一起时将产生复杂的水波状的图案,如薄绸相对挪动,图案也随之晃动,这种图案在当时被称为莫尔条纹。一般来说,任何具有一定排列规律的几何图案的重合,均能形成按新规律分布的莫尔条纹图案。从技术角度上讲,莫尔条纹是两条线或两个物体之间以恒定的角度和频率发生干涉的光学现象。

1874 年,瑞利首次将莫尔条纹图案作为一种计测手段,即根据条纹的结构形状来评价光栅尺各线纹间的间隔均匀性,从而开拓了莫尔计量学。随着时间的推移,莫尔条纹测量技术被广泛应用于多种计量和测控中,在位移测量、数字控制、伺服跟踪、运动比较、应变分析、振动测量,以及特形零件、生物体形貌、服装及艺术造型等方面的三维计测中展示了广阔前景。例如广泛使用于精密程控设备中的光栅传感器,可实现优于 $1~\mu m$ 的线位移和优于 $1''(1/3600°)$ 的角位移的测量和控制。

两只光栅以很小的交角相向叠合时,在相干或非相干光的照射下,在叠合面上将出现明暗相间的条纹,也就是莫尔条纹。莫尔条纹是制造光栅传感器的理论基础,粗光栅或细光栅均可形成。栅距远大于波长的光栅叫粗光栅,栅距接近波长的光栅叫细光栅。

(一)直线光栅的莫尔条纹

两只光栅常数相同的光栅,其刻划面相向叠合并且使两栅线有很小的交角 θ,则由于挡光效应(光栅常数 $d>20~\mu m$)或光的衍射作用(光栅常数 $d<10~\mu m$),在与光栅栅线大致

垂直的方向上形成明暗相间的条纹，如图 3-1 所示。

若主光栅与副光栅之间的夹角为 θ，光栅常数为 d，由图 3-1 的几何关系可得出相邻莫尔条纹之间的距离 B 为

$$B = \frac{d}{2\sin\frac{\theta}{2}} \approx \frac{d}{\theta} \qquad (3-1)$$

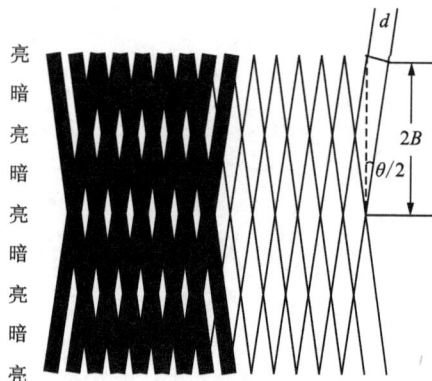

图 3-1　直线光栅的莫尔条纹

式中：θ 的单位为弧度。由式（3-1）可知，改变光栅夹角 θ，莫尔条纹宽度 B 也将随之改变。当两光栅的光栅常数不相等时，莫尔条纹方程及莫尔条纹间隔的表达式推导见附录一。

直线光栅的莫尔条纹有如下主要特性。

（1）同步性。

在保持两光栅交角一定的情况下，使一个光栅固定，另一个光栅沿栅线的垂直方向运动，光栅每移动一个栅距 d，莫尔条纹就移动一个条纹间距 B，若光栅反向运动，则莫尔条纹的移动方向也相反。

（2）位移放大作用。

当两光栅交角 θ 很小时，相当于把栅距 d 放大了 θ^{-1} 倍，莫尔条纹可以将很小的光栅位移同步放大为莫尔条纹的位移。例如当 $\theta = 0.06° = \pi/3000$ rad 时，莫尔条纹宽度比光栅栅距大近千倍。当光栅移动微米量级时，莫尔条纹移动为毫米量级。这样就将不便检测的微小位移转换成用光电器件易于测量的莫尔条纹移动位移，测得莫尔条纹移动的个数 k 就可以得到光栅的位移 ΔL 为 $\Delta L = kd$。

（3）误差减小作用。

光电器件获取的莫尔条纹是两光栅重合区域所有光栅栅线综合作用的结果。即使光栅在刻划过程中有误差，但莫尔条纹对刻画误差有平均作用，从而在很大程度上消除了栅距的局部误差的影响，这是光栅传感器精度高的重要原因。

（二）径向圆光栅的莫尔条纹

径向圆光栅是指大量在空间均匀分布且指向圆心的刻线形成的光栅，相邻刻线之间的夹角 α 称为栅距角。图 3-2（a）是径向圆光栅，图 3-2（b）是两只栅距角相同（即 $\alpha_1 = \alpha_2 = \alpha$）、圆心相距 $2S$ 的径向圆光栅相向叠合产生的莫尔条纹。

若两光栅的刻划中心相距为 $2S$，在以两光栅中心连线为 x 轴，两光栅中心连线的中点为原点的直角坐标系中，莫尔条纹满足如下方程：

$$x^2 + \left(y - \frac{S}{\tan(k\alpha)}\right)^2 = \left(\frac{S\sqrt{\tan^2(k\alpha)+1}}{\tan(k\alpha)}\right)^2 \qquad (3-2)$$

径向圆光栅莫尔条纹方程的推导见附录二。

径向圆光栅的莫尔条纹有如下特点。

（1）当其中一个光栅转动时，圆族将向外扩张或向内收缩，每转动 1 个栅距角，莫尔条

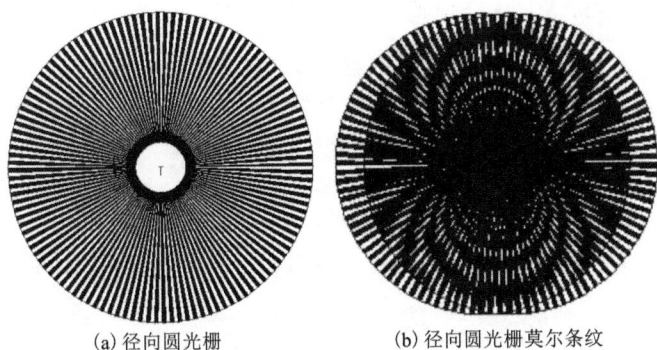

(a) 径向圆光栅　　　　　　(b) 径向圆光栅莫尔条纹

图 3-2　径向圆光栅及径向圆光栅莫尔条纹

纹移动一个条纹宽度。用光电器件测得莫尔条纹移动的个数 k 就可以得到光栅的角位移 $\Delta\theta = k\alpha$。用径向圆光栅测量角位移具有误差减小作用。

(2) 莫尔条纹由上、下 2 组不同半径、不同圆心的圆族组成。上半圆族的圆心位置为 $(0, S/\tan(k\alpha))$，下半圆族的圆心位置为 $(0, -S/\tan(k\alpha))$。条纹的曲率半径为 $[S/\tan^2(k\alpha)+1]^{1/2}/\tan(k\alpha)$。

(3) k 越大，莫尔条纹半径越小，条纹间距也越小，所以靠近传感器中心的莫尔条纹不易分辨，半径最小值为 S。

(4) 两光栅的中心坐标 $(S, 0)$ 和 $(-S, 0)$ 恒满足圆方程，所有的圆均通过两光栅的中心。

(三) 切向圆光栅的莫尔条纹

切向圆光栅是由空间分布均匀且都与一个半径很小的圆相切的众多刻线构成的圆光栅。当如图 3-3(a) 所示的两个切向圆光栅相向叠合时，两只光栅的切线方向相反。图 3-3(b) 是两个小圆半径相同、栅距角相同的切向圆光栅相向叠合产生的莫尔条纹。

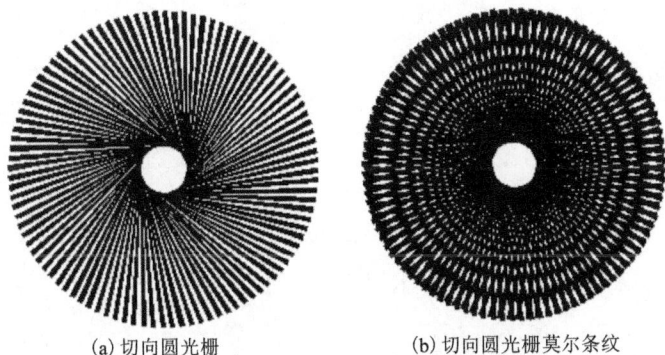

(a) 切向圆光栅　　　　　　(b) 切向圆光栅莫尔条纹

图 3-3　切向圆光栅与切向圆光栅莫尔条纹

两个小圆半径均为 r、栅距角均为 α 的切向圆光栅相向同心叠合，其莫尔条纹满足的方程为

$$x^2 + y^2 = \left(\frac{2r}{k\alpha}\right)^2 \tag{3-3}$$

切向圆光栅莫尔条纹方程的推导见附录三。

切向圆光栅的莫尔条纹有如下特点。

(1)当其中一个光栅转动时,圆族将向外扩张或向内收缩,每转动1个栅距角,莫尔条纹移动一个条纹宽度。用光电器件测得莫尔条纹移动的个数 k 就可以得到光栅的角位移 $\Delta\theta = k\alpha$,用切向圆光栅测量角位移有减小误差的作用。

(2)莫尔条纹是一组同心圆环,圆环半径为 $R = 2r/k\alpha$,相邻圆环间隔为 $\Delta R = 2r/(2k\alpha)$。

(3)k 越大,莫尔条纹半径越小,条纹间距也越小,所以靠近传感器中心的莫尔条纹不易分辨。

(四)光栅传感器

光栅传感器由光源系统、准直系统、光栅系统、光电转换及处理系统等组成,如图3-4所示。光源系统给光栅系统提供照明。光栅系统主要用于产生各种类型的莫尔条纹,在实用的光栅传感器中,为了达到高测量精度,直线光栅的光栅常数或圆光栅的栅距角都取得很小,教学系统重在说明原理,为使视觉效果更直观,光栅常数或栅距角都取得比较大,用监视器将莫尔条纹放大后显示。光电转换及处理系统用于检测莫尔条纹的变化并经适当处理后转换为位移或角度的变换。在实用的光栅传感器中,光电器件检测到的莫尔条纹强度变化经系统电路处理,能分辨出若干分之一的条纹移动,经数字化后直接显示位移值或将位移量反馈到控制系统。

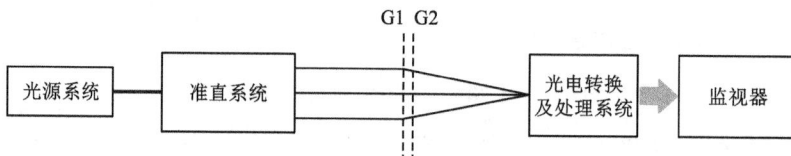

图3-4 光栅传感器系统组成示意图

三、实验内容和步骤

(一)实验前准备工作

打开仪器后面板的电源开关,主光栅板的背光灯点亮。安装副光栅滑座后,将副光栅滑座上的卡片插入读数装置滑块上的卡槽中。

(二)观察直线光栅的莫尔条纹特性

安装好直线副光栅,使其0刻度线与角度读数盘0刻度线大致对齐,摇动手轮,使直线主、副光栅刻度线对齐。

转动副光栅座,改变主、副光栅之间的夹角 θ,观察莫尔条纹宽度的变化。

转动手轮移动副光栅,观察莫尔条纹的移动方向。反向移动副光栅,观察莫尔条纹移动方向的变化,验证莫尔条纹的同步性及位移放大作用。

(三) 利用直线光栅测量线位移

安装摄像头, 连接好视频接头, 此时, 若监视器关闭, 则需按一下监视器旁边的监视器开关按钮, 若一切正常, 监视器上将显示主光栅的放大图像。按仪器介绍中的方法调整好摄像头。

调整主光栅和副光栅成一定夹角 θ, 使监视器上出现 3 条莫尔条纹。

转动手轮, 使副光栅滑座移动到主光栅基座最右端, 然后反向转动手轮使副光栅沿轨道移动, 莫尔条纹随之移动。每移动 5 条莫尔条纹, 记录副光栅的位置于表 3-1 中。注意: 为防止回程差对实验的影响, 记录副光栅位置时, 百分手轮须朝同一方向进行旋转。

表 3-1 用直线光栅测量线位移

条纹移动数 k/条	0	5	10	15	20
副光栅位置读数 L_k/mm					
位移 $\Delta L_k = \lvert L_k - L_0 \rvert$/mm					
条纹移动数 k/条	25	30	35	40	45
副光栅位置读数 L_k/mm					
位移 $\Delta L_k = \lvert L_k - L_0 \rvert$/mm					

计算 k 为 5, 10, 15, …, 45 时对应的位移 ΔL_k, 填入表 3-1 中。

以 k 为横坐标, 位移 ΔL_k 为纵坐标作图。若为线性关系, 且直线斜率为 d, 即验证了关系式 $\Delta L_k = kd$, 说明可以由条纹移动数测量线位移。

已知光栅常数 $d = 0.500$ mm, 将由直线斜率求出的光栅常数 d 与之比较, 求相对误差。

(四) 观察径向圆光栅的莫尔条纹特性

由于监视器显示的是莫尔条纹局部放大图, 为便于观察莫尔条纹全貌, 先取下摄像头。

安装好径向圆副光栅, 调节两光栅中心距, 使之出现莫尔条纹, 观察莫尔条纹图案的对称性。摇动手轮改变两光栅中心距, 观察圆半径的变化。

转动副光栅, 观察莫尔条纹的移动方向。反向转动副光栅, 观察莫尔条纹移动方向的变化。

将看到的莫尔条纹特性与实验原理中阐述的特性进行比较, 加深理解。

(五) 利用径向圆光栅莫尔条纹测量角位移

安装摄像头, 调节摄像头的位置, 让摄像头监视主、副光栅接近边缘的地方, 直到监视器上出现清晰的莫尔条纹。

沿同一方向转动副光栅, 每移动 5 条莫尔条纹记录副光栅的角位置于表 3-2 中。

表 3-2　用径向圆光栅测量角位移

条纹移动数 k/条	0	5	10	15	20
副光栅角位置读数 θ_k/(°)					
角位移 $\Delta\theta_k=\theta_k-\theta_0$/(°)					
条纹移动数 k/条	25	30	35	40	45
副光栅角位置读数 θ_k/(°)					
角位移 $\Delta\theta_k=\theta_k-\theta_0$/(°)					

计算 θ 为 5,10,15,…,45 时对应的角位移 $\Delta\theta_k$,填入表 3-2 中。

以 k 为横坐标,角位移 $\Delta\theta_k$ 为纵坐标作图。若为线性关系,且直线斜率为 α,即验证了关系式 $\Delta\theta_k=k\alpha$,说明可以由条纹移动数测量角位移。

已知栅距角的准确值为 $\alpha=1.0°$,将由直线斜率求出的栅距角值 α 与之比较,求相对误差。

(六) 观察切向圆光栅莫尔条纹特性

观察主、副光栅的切向是否相反。由于监视器显示的是莫尔条纹局部放大图,为便于观察莫尔条纹全貌,先取下摄像头。

安装好切向副光栅,转动手轮使主副切向光栅基本同心,观察莫尔条纹图案的特性。

转动副光栅,观察莫尔条纹的移动方向。反向转动副光栅,观察莫尔条纹移动方向的变化。

将看到的莫尔条纹特性与实验原理中阐述的特性进行比较,加深理解。

(七) 利用切向圆光栅莫尔条纹测量角位移

安装摄像头,调节摄像头的位置,让摄像头监视主、副光栅接近边缘的地方,直到监视器上出现清晰的莫尔条纹。

沿同一方向转动副光栅,每移动 5 条莫尔条纹记录副光栅的角位置于表 3-3 中。

表 3-3　用切向圆光栅测量角位移

条纹移动数 k/条	0	5	10	15	20
副光栅角位置读数 θ_k/(°)					
角位移 $\Delta\theta_k=\theta_k-\theta_0$/(°)					
条纹移动数 k/条	25	30	35	40	45
副光栅角位置读数 θ_k/(°)					
角位移 $\Delta\theta_k=\theta_k-\theta_0$/(°)					

计算 θ 为 5,10,15,…,45 时对应的角位移 $\Delta\theta_k$,填入表 3-3 中。

以 k 为横坐标,角位移 $\Delta\theta_k$ 为纵坐标作图。若为线性关系,且直线斜率为 α,即验证了关系式 $\Delta\theta_k=k\alpha$,说明可以由条纹移动数测量角位移。

已知栅距角的准确值为 $\alpha=1.0°$,将由直线斜率求出的栅距角值 α 与之比较,求相对误差。

根据测试得到的数据，计算直线光栅测量得到的线位移和用圆光栅测量得到的角位移，并与直接读出的数据进行比较，分析实验结果和实验误差。

四、思考题

1. 莫尔条纹光强分布的特点是什么？三种不同光栅的条纹有何不同？
2. 实验中是自己对着显示屏数条纹移动数的，实际应用中，如何对条纹读数？
3. 光栅形成的莫尔条纹的间距与哪些因素有关？

实验仪器介绍

实验装置由主光栅基座、副光栅滑座、摄像头及监视器等组成，如图 3-5 所示。

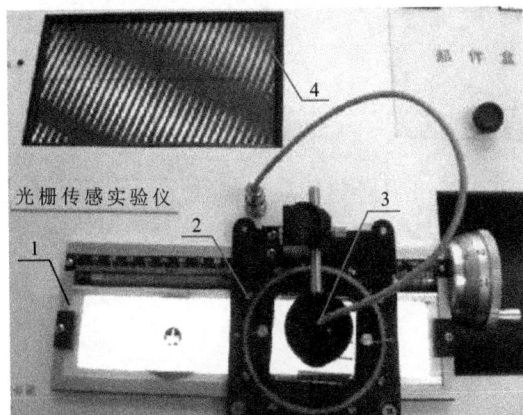

1—主光栅基座；2—副光栅滑座；3—摄像头；4—监视器。

图 3-5　实验装置结构图

1. 主光栅基座

主光栅基座由主光栅板和位移装置构成，主光栅板上印有实验原理中介绍的三种光栅，如图 3-6 所示。转动百分手轮，滑块会带动副光栅滑座上的副光栅与主光栅产生相应位移。在实际的光栅传感器应用系统中，由莫尔条纹的移动量即可测量出位移量。在教学系统中，可由读数装置读取副光栅的移动距离，以便与由莫尔条纹测量出的位移量相比较。读数装置由直尺和百分手轮组成。主光栅和副光栅为可组装的开放式结构，从而使学生直观地了解光栅位移传感器的结构，通过摄像头从监视器上观察条纹的相关特性和测量相关数据。

1—直尺；2—百分手轮；3—主光栅板。

图 3-6　主光栅基座

2. 副光栅滑座

副光栅滑座由副光栅、可转动副光栅座及角度读数盘等组成,如图3-7所示。副光栅安装于副光栅座,转动副光栅座可改变主、副光栅之间的交角,其角度由角度读数盘读出。

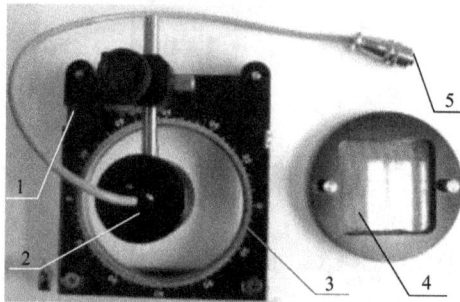

1—读数位置;2—摄像头;3—角度读数盘;4—副光栅;5—视频接头。

图3-7 副光栅滑座

3. 摄像头及监视器

摄像头及监视器用于观察和测量莫尔条纹特性,由摄像头升降台、摄像头及监视器组成。

摄像头升降台(图3-8)位于副光栅滑座上,用于调整摄像头的位置,以便在监视器中观察到清晰的条纹。

1,3,4—旋钮;2—螺钉。

图3-8 摄像头升降台

摄像头升降台的调节方法如下。

(1)旋松图中的螺钉2,前后移动摄像头使其对准副光栅中间位置,然后紧固螺钉2。

(2)调节旋钮3使摄像头上下移动,直至在监视器中观察到清晰的莫尔条纹。

(3)旋松旋钮1后再转动旋钮4可以调节莫尔条纹在监视器上的倾斜角度,以便定标和测量,调整好角度后紧固旋钮1。

注意事项

1. 使用前应详细阅读说明书。

2. 为保证使用安全，三芯电源线须可靠接地。

3. 仪器应在清洁干净的场所使用，避免阳光直接暴晒和剧烈震动。

4. 切勿用手触摸光栅表面。如果光栅被弄脏，建议用清水加少量的洗洁精清洗，然后晾干。

5. 测量时应注意回程差。

6. 测量时应尽量避免光栅的垂直上方有其他直射光源。

7. 光栅片是玻璃材质，易碎，勿以硬物击之，同时避免摔碎。

附录一：直线光栅的莫尔条纹方程推导

设主光栅与副光栅之间的夹角为 θ，主光栅光栅常数为 d_1，副光栅光栅常数为 d_2，按图3-9建立直角坐标系，令 n 与 m 分别为两光栅的栅线序数，且通过原点的栅线 n 与 m 为0。

两光栅的栅线方程分别为

$$x = nd_1 \tag{3-4}$$

$$y = \cot\theta \cdot x - \frac{md_2}{\sin\theta} \tag{3-5}$$

为求相邻莫尔条纹之间的距离 B，先求两光栅栅线交点的轨迹。交点轨迹由栅线的某一列序数 (n, m) 给定。一般情况下，交点连线由 $(n, m=n+k)$ 序列给定，其中 k 是整数。今以 $m=n+k$，$n=x/d_1$ 代入式(3-5)，解得直线光栅的莫尔条纹方程的一般表达式为

$$y = \left(1 - \frac{d_2}{d_1 \cdot \cos\theta}\right) \cdot \cot\theta \cdot x - \frac{kd_2}{\sin\theta} \tag{3-6}$$

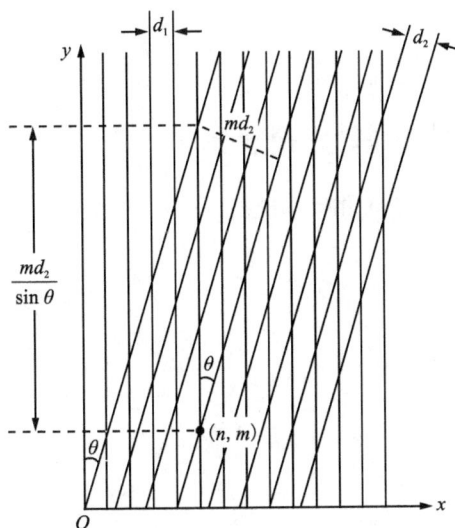

图3-9　直线光栅栅线方程几何示意图

式(3-6)为一直线方程簇，每一个 k 对应一条条纹。由式(3-6)得到条纹的斜率为

$$\tan \varphi = \left(1 - \frac{d_2}{d_1 \cdot \cos \theta}\right) \cdot \cot \theta \tag{3-7}$$

莫尔条纹间距 B 为式(3-6)中相邻两个 k 值所代表的两直线之间的距离，其一般表达式为

$$B = \frac{d_1 \cdot d_2}{\sqrt{d_1^2 + d_2^2 - 2d_1 \cdot d_2 \cdot \cos \theta}} \tag{3-8}$$

当 $d_1 = d_2 = d$ 时，由式(3-8)可得

$$B = \frac{d}{2\sin \dfrac{\theta}{2}} \tag{3-9}$$

附录二：径向圆光栅的莫尔条纹方程推导

两个栅距角 α 相同的径向圆光栅组成光栅传感器，若两光栅的刻划中心相距 $2S$，以两光栅中心连线为 x 轴，两光栅中心连线的中点为原点建立坐标系。与 x 轴重合的栅线 $n = 0$，则光栅 O_1、O_2 的栅线方程为

$$y = (x + S)\tan(n\alpha) \tag{3-10}$$
$$y = (x - S)\tan(m\alpha) \tag{3-11}$$

对光栅 O_2 考虑栅线序号 $m = n + k$，k 为大于 0 的任意有理数，则可将式(3-11)改为

$$y = (x - S)\tan[(n+k)\alpha] \tag{3-12}$$

将式(3-12)中的三角函数用和差公式展开，从式(3-10)中解出 $\tan(n\alpha)$，代入式(3-12)，整理后可求得径向圆光栅的莫尔条纹方程为

$$x^2 + y^2 - \frac{2S}{\tan(k\alpha)} \cdot y - S^2 = 0 \tag{3-13}$$

或整理为

$$x^2 + \left(y - \frac{S}{\tan(k\alpha)}\right)^2 = \left(\frac{S\sqrt{\tan^2(k\alpha) + 1}}{\tan(k\alpha)}\right)^2 \tag{3-14}$$

附录三：切向圆光栅的莫尔条纹方程推导

设两个切向圆光栅，栅距角 α 相同，栅线分别切于半径为 r_1 与 r_2 的两个小圆上，两光栅切线方向相反。以光栅中心为原点建立直角坐标系，令两个光栅的零号栅线平行于 x 轴（图3-10），则两光栅的栅线方程为

$$y = \tan(n\alpha) \cdot x + \frac{r_1}{\cos(n\alpha)} \tag{3-15}$$

$$y = \tan(m\alpha) \cdot x - \frac{r_2}{\cos(m\alpha)} \tag{3-16}$$

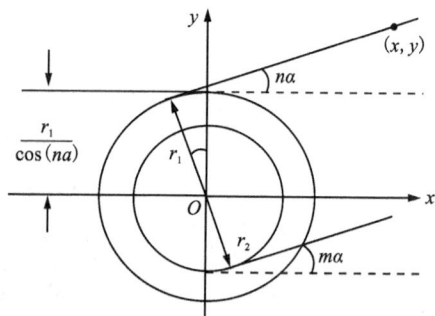

图3-10 切向圆光栅栅线方程几何示意图

对光栅 O_2 考虑栅线序号 $m=n+k$，式（3-16）可改为

$$y = \tan\left[(n+k) \cdot \alpha\right] \cdot x - \frac{r_2}{\cos\left[(n+k)\alpha\right]} \tag{3-17}$$

由式（3-15）与式（3-17）消去 y，整理后得

$$x = \frac{\cos\left[(n+k)\alpha\right] \cdot r_1 + \cos(n\alpha) \cdot r_2}{\sin k\alpha} \tag{3-18}$$

由式（3-15）与式（3-17）消去 x，整理后得

$$y = \frac{\sin\left[(n+k)\alpha\right] \cdot r_1 + \sin(n\alpha) \cdot r_2}{\sin k\alpha} \tag{3-19}$$

由式（3-18）与式（3-19）平方后相加，整理后可得切向圆光栅的莫尔条纹方程的表达式为

$$x^2 + y^2 = \frac{r_1^2 + r_2^2 + 2r_1 r_2 \cos(k\alpha)}{\sin^2(k\alpha)} \tag{3-20}$$

当 $k\alpha$ 足够小时，式（3-20）可简化为

$$x^2 + y^2 = \left(\frac{r_1 + r_2}{k\alpha}\right)^2 \tag{3-21}$$

若两光栅圆半径相同，均为 r，则式（3-21）可简化为

$$x^2 + y^2 = \left(\frac{2r}{k\alpha}\right)^2 \tag{3-22}$$

学科前沿研究和应用案例——基于莫尔条纹的测量技术领域

由于优良的放大作用和成像特征，莫尔条纹技术在测量领域得到广泛应用。在很多情况下，两个交叉光栅的空间线对数不一样，光栅之间的角度不是零，使得莫尔条纹图案的计数变得非常复杂。两个交叉 Ronchi 光栅莫尔条纹图案定量模型被研究用于解决这一问题[1]。该模型让莫尔条纹图案的特征趋于简单，所得到的两个交叉光栅条纹间距为整数倍。两个交叉 Ronchi 光栅莫尔条纹测量实验装置如图 3-11 所示，G1 和 G2 是用于形成莫尔条纹的两个光栅。该装置验证了模型的有效性。图 3-12 是实验得到的莫尔条纹图案。结果表明，这个模型在两个光栅参数整数倍的情况下效果很好，可以有效应用。

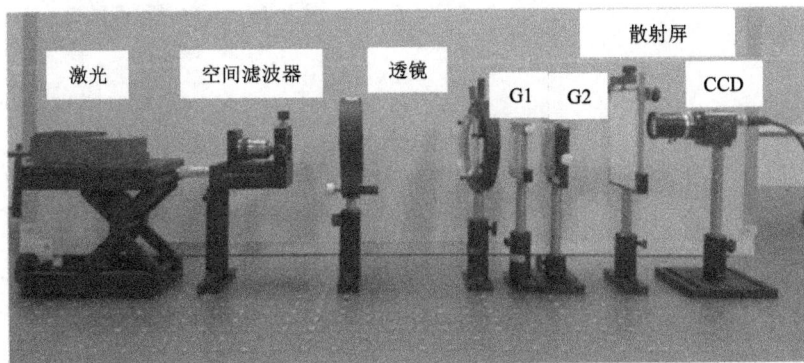

图 3-11 两个交叉 Ronchi 光栅莫尔条纹测量实验装置

图 3-12　两个交叉 Ronchi 光栅形成的莫尔条纹图案

　　基于莫尔条纹的对准标记可实现高精度晶圆键合对准[2]。3D 集成电路相对传统 2D 集成电路成本更低、体积更小、性能更高，是未来突破摩尔定律的理想方向。作为实现 3D 集成电路的关键技术，晶圆键合技术以其高集成度、低成本等优点成了集成电路领域的热门研究方向。晶圆键合过程中的对准流程的精度与速度直接决定了 3D 集成电路的性能与产率，而对准流程中采用的对准标记结合数字图像处理算法是一种易实现、低成本、高精度的对准方法。基于莫尔条纹的高精度晶圆键合对准方法对于提升晶圆键合设备的效率、精度和降低设备成本，具有十分重要的理论研究与工程应用价值。图 3-13 是基于莫尔条纹的辅助晶圆对准特殊光栅标记实验台。实验结果表明该标记方法能达到比传统标记法更高的精度，图 3-14 是结果比较。由此，还提出了一种基于卷积神经网络针对对象的超分辨率网络，可以将图片进行一定倍数的清晰放大，从而在不改变硬件条件的情况下提升莫尔条纹解算精度。

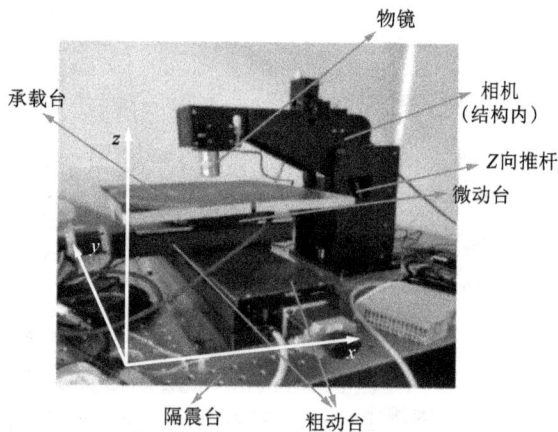

图 3-13　莫尔条纹实验台

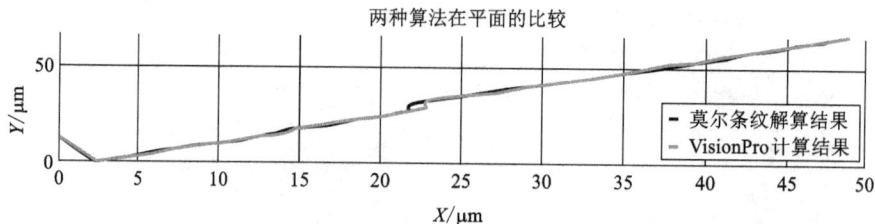

图 3-14　结果比较

　　根据无衍射光同心圆环间距不随距离改变的特点和莫尔条纹放大的特性，可以准确测量轴锥透镜锥角[3]。这种基于无衍射光莫尔条纹的轴锥透镜锥角的测量方法装置如图3-15所示，无衍射光束经分束器分光合束后形成莫尔条纹，平移其中一束光在图像传感器上的位置，实现莫尔条纹数量的变化，通过记录不同莫尔条纹下的中心距离计算出轴锥透镜锥角。实验以锥角为0.5°的轴锥透镜作为被测对象，与CMM测量结果进行比较，该方法相对测量误差近似为0.54%，重复性为0.86″，满足对锥角的测量要求。图3-16为不同间距数下莫尔条纹图。该方法只需对轴锥透镜生成的无衍射光进行简单的分光合束，仅使用单一波长光源，无须设置如全息图、高精度方形、电子经纬仪等测量元件，因而本方法简单、成本低、可靠性高。

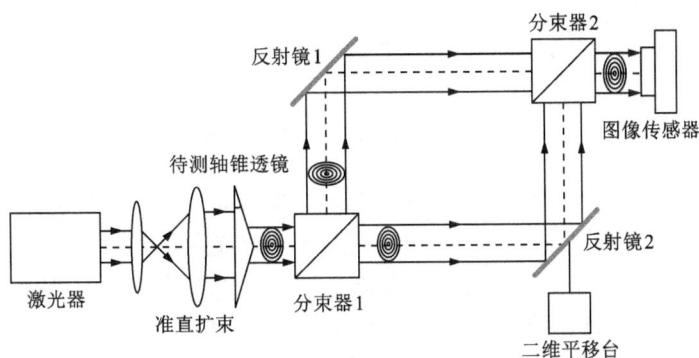

图3-15　测量光路结构示意图

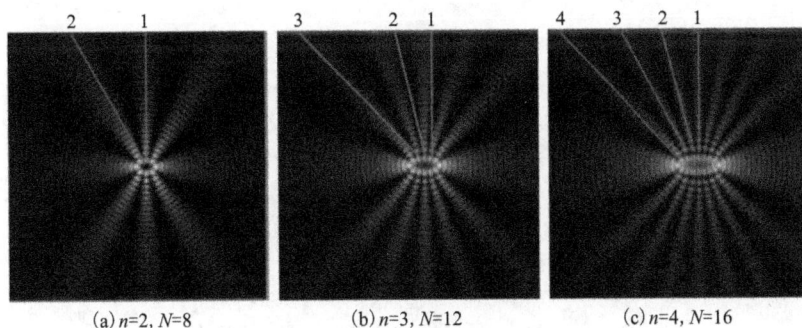

(a) $n=2, N=8$　　　　　　(b) $n=3, N=12$　　　　　　(c) $n=4, N=16$

图3-16　不同间距数下莫尔条纹图

　　高速主轴(HSS)在高精度超结构的制作中得到广泛应用。然而，运动误差会严重破坏超结构的制作。因此，径向运动误差的测量非常重要。但是，主轴运动误差的动态测量需要用到高频采样位移传感器。常用的位移传感器的采样频率不能满足HSS运动误差的动态测量。为了克服这一困难，基于莫尔条纹的技术(MFT)被提出用于HSS运动误差的动态测量[4]。改进型MTT测量系统示意图如图3-17所示，设置有指示光栅和标尺光栅的测量系统可测量转速6000 r/min的主轴径向运动误差。实验结果表明，改进型MFT成功捕获径向运动误差，在主轴转速从600 r/min增加到6000 r/min的情况下，测量结果波动小于2%。这证实了改进型MFT可用于高速主轴运动误差的动态测量。

　　针对工作台的三自由度运动误差，吕清花等人通过液晶空间光调制器(SLM)生成无衍

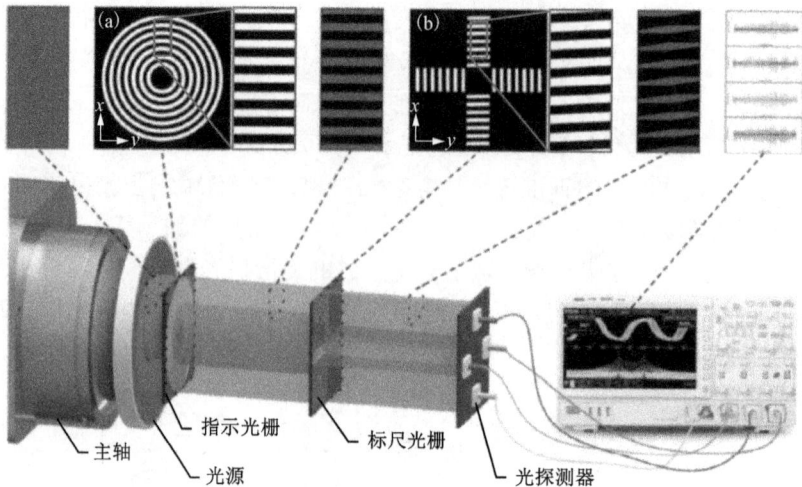

图3-17 改进型 MFT 测量系统示意图

射光，利用无衍射光中心光斑的大小和形状不随传输距离发生变化的特性，结合莫尔条纹的计量与放大作用，提出了一种基于计算全息的无衍射光莫尔条纹三自由度测量方法，测量系统示意图如图3-18 所示[5]。两束无衍射光干涉生成莫尔条纹，利用旋转台模拟不同大小的三自由度运动误差，带有误差信息的无衍射光和莫尔条纹图案分别由 CCD1 和 CCD2 接收，图3-19 是 CCD1 中三自由度变化的实验结果。该方法通过光斑中心偏移量计算出的实际运动误差值接近理论值，测量误差不超过 0.0104°，验证了测量系统的可行性与正确性。

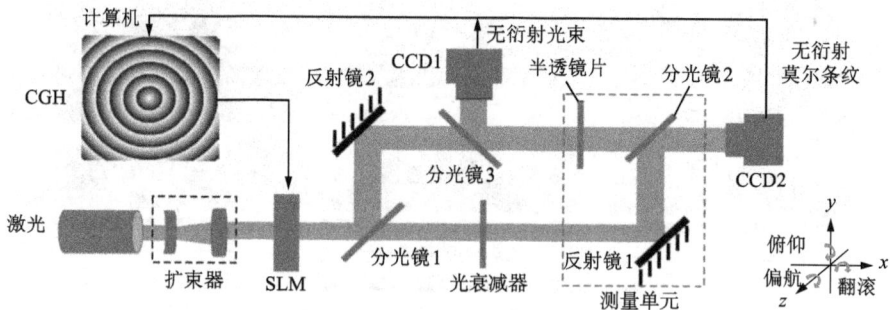

图3-18 三自由度运动误差测量系统示意图

2D 材料正在引发一场材料研究的热潮。已经证明，当将两种这样的分层材料堆叠并稍微扭曲时，会产生令人惊讶的各种相关导电和光学特性。科学家们将两个 2D 层以恰当的角度堆叠，使材料出现了更多新的可能性，并探索了莫尔效应是如何具体地改变材料特性的。维也纳工业大学和得克萨斯大学的研究小组发表在 *Nature Materials* 上的研究论文中证明，两层原子相互作用的方式会形成复杂的几何图案，这些图案对材料性能具有决定性的影响。声子，即原子的晶格振动，对两个材料层相互叠置的角度具有显著影响。因此，通过这样一层微小旋转，就可以显著改变材料的性能。他们研究了二硫化钼层，它是重要的 2D 材料之一。如果将两层这种材料相互叠加，则在这两层原子之间会产生所谓的范德

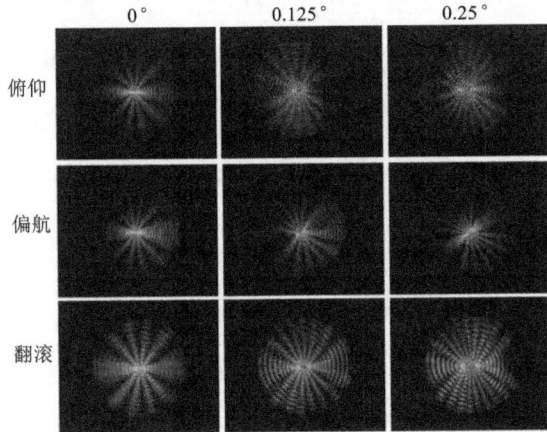

图 3-19　CCD1 中三自由度变化的实验结果

华力，这是相对较弱的力，但其强度足以完全改变整个系统层的行为。图 3-20 是得到的莫尔效应图案中不同位置的局部应变示意图。在首次描述了声子在莫尔效应中的具体作用之后，研究人员现正计划描述声子和电子的结合，以进一步了解有关超导等重要现象。

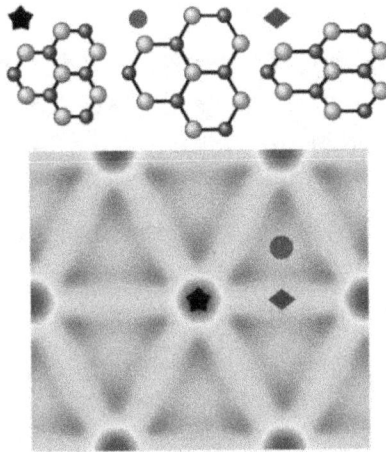

★—堆叠处的压缩；●—堆叠处的拉伸；◆—沿畴边界的单轴。

图 3-20　莫尔效应图案中不同位置的局部应变示意图

参考文献

[1] Zhang X D, Chang M, Hou Y L. A two crossed Ronchi-gratings quantitative model of Moiré fringe patterns [J]. Optics Communications, 2015, 344: 27-32.

[2] 樊建瀚. 基于莫尔条纹的高精度晶圆键合对准方法研究[D]. 成都：电子科技大学，2022.

[3] 杨练根，刘凡，冉晶晶，等. 基于无衍射光莫尔条纹的轴锥透镜锥角测量方法[J]. 应用光学，2020，41(3)：6.

[4] Jin A, Lin J, Liu B, et al. Moiré fringes-based measurement of radial error motion of high-speed spindle [J]. Optics and Lasers in Engineering, 2022, 150: 106852.

［5］吕清花，程壮，翟中生，等. 基于计算全息的无衍射光莫尔条纹三自由度测量方法研究［J］. 光电工程，2020，47（2）：8.

［6］Quan J, Linhart L, Lin M L, et al. Phonon renormalization in reconstructed MoS$_2$ moiré superlattices ［J］. Nature Materials, 2021, 20: 1100-1105.

拓展阅读

善于观察　勤于思考　勇于探索

　　莫尔效应是一种特殊的光学现象，是两条线或两个物体之间以固定的角度和频率发生干涉的视觉结果。莫尔效应被广泛应用在精密测量、微质量检测、应力分析、纳米材料制造等众多领域，还可应用于防伪领域。基于莫尔效应的防伪技术是利用两个物体之间以特定角度或者频率发生干涉产生明暗不同的视觉对比结果特性，将印刷图案中的网点进行细微变化以实现信息隐藏，与对应的光栅叠加时能够产生指定效果的莫尔效应图案，从而起到防伪的作用。目前，特殊网点制版的莫尔效应防伪技术是主流。这种技术将印版分为隐图区域和显图区域。在这两个区域采用不同的网目角度或特殊的工艺，得到的印刷品上通常看不到隐形图文，检测时需要在上面覆盖一张解码片，就可将隐藏的信息以明显的龟纹形式显示出来。

　　然而这种得到重要应用的现象是几个世纪以前在日常生活中被发现的。几百年前，法国人发现一种当两层被称作莫尔丝绸的绸子叠在一起时将产生复杂的水波状的图案，如薄绸相对挪动，图案也随之晃动，这种图案当时被称为莫尔条纹。1874年，瑞利首次将莫尔图案作为一种计测手段，即根据条纹的结构形状来评价光栅尺各线纹间的间隔均匀性，从而开拓了莫尔计量学。随着时间的推移，莫尔条纹测量技术现已经广泛应用于多种计量和测控中。

　　人类有很多重要的科学技术源自对实际生活中现象的观察和深入思考。大家熟知的瓦特发明蒸汽机就是典型例子，他发现水开了之后水蒸气让水壶的盖子一跳一跳，这让他察觉到蒸汽的力量从而发明了蒸汽机。阿基米德的浮力定律是他洗澡时看到水从洗澡盆中溢出而发现的。牛顿发现万有引力是他在树下看书时被树上掉下的苹果砸中而深入思考得到的。生活中科学无处不在，只要你有一双善于发现的眼睛，勇于探索，你就会发现新的秘密。

实验四

激光拉曼光谱实验

一、实验目的

1. 掌握拉曼散射的理论和激光拉曼光谱的实验方法。
2. 观察并测量待测样品四氯化碳（CCl_4）的振动拉曼光谱。
3. 辨认待测样品的拉曼谱线所对应的简正振动类型。
4. 测量拉曼峰所对应的退偏振度大小。

二、实验原理

1928年，拉曼通过实验发现，光穿过介质后被分子散射的光发生频率变化，这一现象称为拉曼散射。同年，相同的实验现象在苏联和法国也被观察到。在介质的散射光谱中，频率与入射光频率 ν_0 相同的成分称为瑞利散射；频率对称分布在 ν_0 两侧的谱线或谱带（$\nu_0 \pm \nu_v$）即为拉曼光谱，其中频率较小的成分（$\nu_0 - \nu_v$）又称斯托克斯线，频率较大的成分（$\nu_0 + \nu_v$）又称反斯托克斯线。瑞利散射的强度只有入射光强度的 10^{-3}，拉曼光谱的强度大约只有瑞利散射强度的 10^{-3}。与分子红外光谱不同，极性分子和非极性分子都能产生拉曼光谱。由于拉曼谱线的数目、频移、强度直接与分子的振动能级有关，因此研究拉曼光谱可以提供物质结构的相关信息。激光器的问世，提供了优质高强度单色光，有力推动了拉曼散射的研究及应用。拉曼光谱的应用遍及化学、物理学、生物学和医学等各个领域，对于纯定性分析、高度定量分析和测定分子结构都有很大价值。

（一）经典理论

频率为 ν 的光波所对应的电场强度为 $E = E_0 \cos(2\pi\nu_0 t)$。当分子受到电场 E 的作用时，产生的感应电偶极矩为 $P = \alpha E$，其中 α 为分子的极化率。一般，分子是各向异性的，在一个方向上施加电场会引起不同方向上的偶极矩，即 α 是一个张量，于是在 X，Y，Z 方向上所感应出的电偶极矩可表示为

$$P_x = \alpha_{xx} E_x + \alpha_{xy} E_y + \alpha_{xz} E_z \tag{4-1}$$

$$P_y = \alpha_{yx} E_x + \alpha_{yy} E_y + \alpha_{yz} E_z \tag{4-2}$$

$$P_z = \alpha_{zx} E_x + \alpha_{zy} E_y + \alpha_{zz} E_z \tag{4-3}$$

其中 $\alpha_{ij}=\alpha_{ji}$。对于很小的振动而言，分子极化率与简正振动坐标 Q_k 的关系为

$$\alpha = \alpha_0 + \left(\frac{\partial \alpha}{\partial Q_k}\right)_0 Q_k \tag{4-4}$$

式中：第一项确定了瑞利散射的性质；第二项确定了拉曼散射的性质。简正振动频率 ν_v 与简正振动坐标 Q_k 的关系为 $Q_k=Q_0\cos(2\pi\nu_v t)$，其中 Q_0 为初始位置的简正坐标。

$$P_x = (\alpha_{xx}E_{0x} + \alpha_{xy}E_{0y} + \alpha_{xz}E_{0z})\cos(2\pi\nu_0 t) \tag{4-5}$$

综合上述可得

$$P_x = (\alpha_{0xx}E_{0x} + \alpha_{0xy}E_{0y} + \alpha_{0xz}E_{0z})\cos 2\pi\nu_0 t +$$
$$\left[\left(\frac{\partial \alpha_{xx}}{\partial Q_k}\right)_0 E_{0x} + \left(\frac{\partial \alpha_{xy}}{\partial Q_k}\right)_0 E_{0y} + \left(\frac{\partial \alpha_{xz}}{\partial Q_k}\right)_0 E_{0z}\right] Q_0 \cos 2\pi\nu_v t \cos 2\pi\nu_0 t$$
$$= (\alpha_{0xx}E_{0x} + \alpha_{0xy}E_{0y} + \alpha_{0xz}E_{0z})\cos 2\pi\nu_0 t +$$
$$\frac{Q_0}{2}\left[\left(\frac{\partial \alpha_{xx}}{\partial Q_k}\right)_0 E_{0x} + \left(\frac{\partial \alpha_{xy}}{\partial Q_k}\right)_0 E_{0y} + \left(\frac{\partial \alpha_{xz}}{\partial Q_k}\right)_0 E_{0z}\right]\left[\cos 2\pi(\nu_0 - \nu_v)t + \cos 2\pi(\nu_0 + \nu_v)t\right] \tag{4-6}$$

式中：第一项仅包含入射光频因子 ν_0，它对应瑞利散射；第二项 $(\nu_0-\nu_v)$ 对应斯托克斯线，$(\nu_0+\nu_v)$ 对应反斯托克斯线(如图 4-1 所示)。

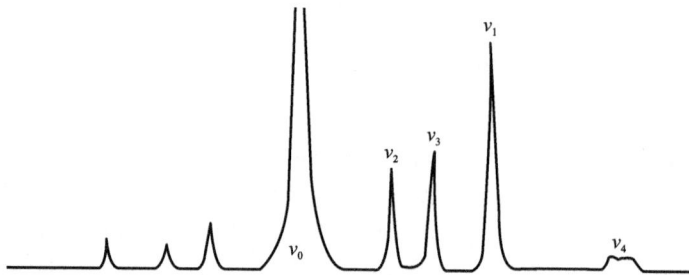

图 4-1 四氯化碳的振动拉曼光谱

(二)量子理论

按照量子论的观点，角频率为 ν_0 的入射单色光可以看作能量为 $h\nu_0$ 的光子。当光子与物质分子碰撞时有两种可能：一种是弹性碰撞；另一种是非弹性碰撞。在弹性碰撞过程中，没有能量交换，光子只改变运动方向，这就是瑞利散射，而非弹性碰撞不仅改变运动方向，而且有能量交换，这就是拉曼散射。在非弹性碰撞散射过程中，光子或者放出一部分能量给分子，或者从分子吸收一部分能量，放出或吸收的能量只能是分子两个定态之间的能量差值。图 4-2 为分子的散射能级图。设 E_m 和 E_n 分别是分子初态和终态的能量，ν_0 和 ν' 分别是入射光和散射光的频率，于是有

$$h\nu' = h\nu_0 + (E_m - E_n) \tag{4-7}$$

当 $E_m<E_n$，则 $\nu'=\nu_0-\nu_{nm}$，为斯托克斯线，ν_{nm} 为玻尔频率。当 $E_m>E_n$，则 $\nu'=\nu_0+\nu_{nm}$，为反斯托克斯线。根据玻尔兹曼分布，在常温下，处于基态的分子占绝大多数，所以通常斯托克斯线比反斯托克斯线强很多。

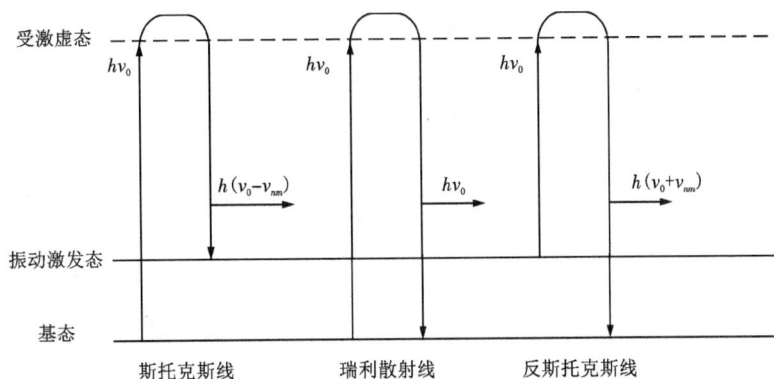

图 4-2　分子的散射能级图

"拉曼频移"是指拉曼散射光与入射光频率的差值，它与物质的振动和转动能级相关，不同的物质有不同的振动能级，因而有不同的拉曼频移。拉曼光谱有如下几个主要特征：

(1)瑞利散射相对入射光强是相当弱的，因此为了有效地记录到拉曼散射，就要求有强度大的入射光来激发。

(2)拉曼散射谱线的波长虽然随入射光波长的不同而不同，但只要样品相同，同种拉曼散射谱线，其与入射光波长之差是保持不变的，即拉曼散射光谱反映了样品本身分子的振动、转动及微观结构等信息。

(3)在以波长为单位的拉曼光谱图上，斯托克斯线和反斯托克斯线对称地分布于瑞利散射线的两侧。

(4)一般情况下，斯托克斯线的强度总比反斯托克斯线强度大。

(三)拉曼散射的退偏振度

当电磁辐射与一系统相互作用时，偏振态常发生变化，这种现象称为退偏。在拉曼散射中，散射光的退偏往往与分子的对称性有关。因而研究散射光的偏振特性可以提供分子结构和简正振动对称类型的有益信息。

退偏振度(或退偏比)是为了定量描述退偏程度而引入的，它表示散射物体各向异性的程度。为了标志偏振方向，定义"散射平面"为包含入射光传播方向和观测方向的平面。当入射光为平面偏振光，且偏振方向平行于散射平面，而观测方向在散射平面内与入射光传播方向成 θ 角时，定义退偏振度 $\rho_{//}(\theta)$ 为两个强度比

$$\rho_{//}(\theta) = \frac{{}^{//}I_{//}(\theta)}{{}^{//}I_{\perp}(\theta)} \tag{4-8}$$

式中：光强 I 左上标表示入射光电矢量与散射平面的关系；光强 I 右下标表示散射光的电矢量与散射平面的关系。同理，当入射光偏振方向垂直于散射平面时，定义退偏振度为

$$\rho_{\perp}(\theta) = \frac{{}^{\perp}I_{//}(\theta)}{{}^{\perp}I_{\perp}(\theta)} \tag{4-9}$$

当入射光为自然光时，退偏振度定义为

$$\rho_{n}(\theta) = \frac{{}^{n}I_{//}(\theta)}{{}^{n}I_{\perp}(\theta)} \tag{4-10}$$

由理论计算可得，入射光为平面偏振光时，有

$$\rho_{/\!/}(\pi/2) = \rho_{\perp}(\pi/2) = \frac{3\gamma^2}{45\overline{\alpha}^2 + 4\gamma^2} \tag{4-11}$$

入射光为自然光时，有

$$\rho_{n}(\pi/2) = \frac{6\gamma^2}{45\overline{\alpha}^2 + 7\gamma^2} \tag{4-12}$$

式中：$\overline{\alpha}$ 为平均电极化率；γ 为各向异性率，是极化率各向异性的量度。当 $\overline{\alpha}=0$ 时，$\rho_{n}(\pi/2)=6/7$，$\rho_{/\!/}(\pi/2)=\rho_{\perp}(\pi/2)=3/4$，这时散射光偏振性最小，称为完全退偏。当 $\gamma=0$，而 $\overline{\alpha}\neq 0$ 时，则必有 $\rho_{n}(\pi/2)=\rho_{/\!/}(\pi/2)=\rho_{\perp}(\pi/2)=0$，这时散射光的偏振性最大，称为完全偏振。当 $\gamma\neq 0$，而 $\overline{\alpha}\neq 0$ 时，$\rho_{/\!/}(\pi/2)$，$\rho_{\perp}(\pi/2)$ 的值在 0 和 3/4 之间，而 $\rho_{n}(\pi/2)$ 在 0 和 6/7 之间，这时散射光是部分偏振的。可见 ρ 越接近 0，表示分子振动含有的对称振动成分越多。反之，ρ_{n} 越接近 6/7，$\rho_{/\!/}$、$\rho_{\perp}$ 越接近 3/4，则表明分子振动含有的非对称振动成分越多。所以，测量退偏振度可以直接判断散射光的偏振性和振动的对称性。

(四)四氯化碳分子的对称结构及振动方式

四氯化碳的分子式为 CCl_4。平衡时，它的分子是一正四面体结构，C 原子处于一立方体中央，四个 Cl 原子处于不相邻的四个顶角上，如图 4-3 所示。

当四面体绕其自身的某一轴旋转一定角度，分子的几何构型不变的操作称为对称操作，其旋转轴称为对称轴。CCl_4 有 13 个对称轴，有 24 个对称操作，我们知道，N 个原子构成的分子有 $(3N-6)$ 个内部振动自由度。因此，CCl_4 分子可以有 9 个 $(3\times5-6)$ 自由度，或称为 9 个独立的简正振动。根据分子的对称性，这 9 种简正振动可归成下列四类。

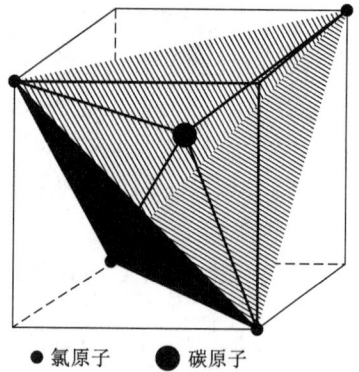

● 氯原子　● 碳原子

图 4-3　CCl_4 分子结构图

(1) ν_1，或记为 A_1，表示非简并的振动，只含有一种振动方式，Cl 原子沿与 C 原子的连线方向作伸缩振动，如图 4-4 所示。

(2) ν_2，或记为 E，表示二重简并的振动，包含两种振动方式，相邻两对 Cl 原子在与 C 原子的连线方向上，或在该连线的垂直方向上同时作反向运动，如图 4-5 所示。

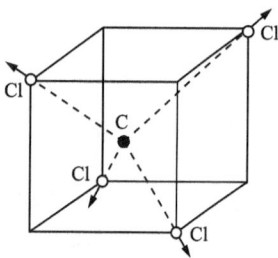

图 4-4　$A_1(\nu_1)$

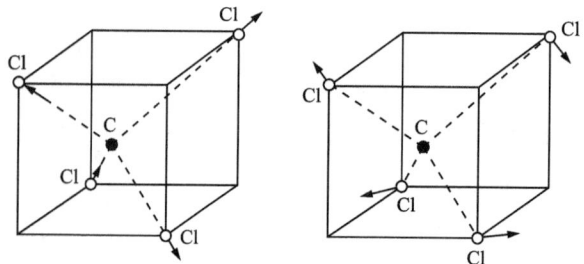

图 4-5　$E(\nu_2)$

（3）ν_3，或记为 T_1，表示三重简并的振动，包含三种振动方式，四个 Cl 原子与 C 原子作反向运动，如图 4-6 所示。

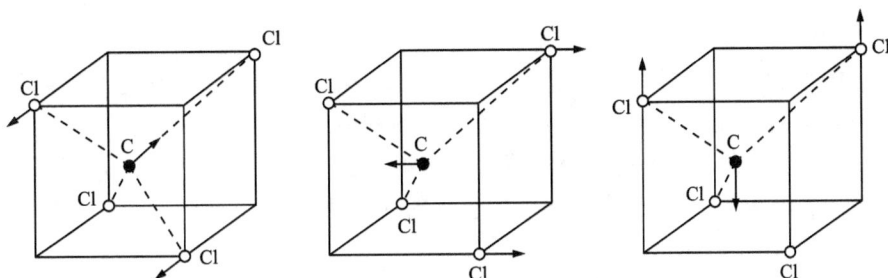

图 4-6　$T_1(\nu_3)$

（4）ν_4，或记为 T_2，表示另一种三重简并的振动。包含三种振动方式，两对 Cl 原子在同一时刻分别作伸张与压缩运动，如图 4-7 所示。

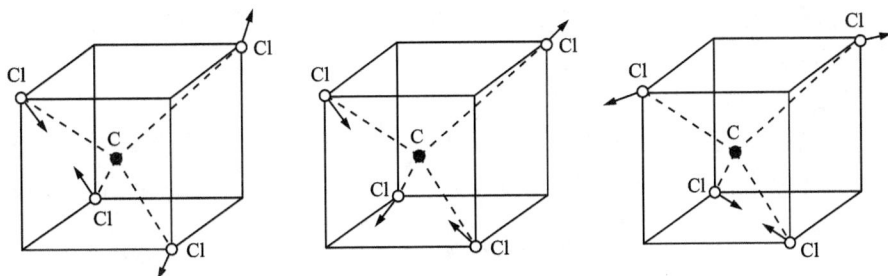

图 4-7　$T_2(\nu_4)$

上面所说的"简并"，是指在同一类振动中，虽然包含不同的振动方式但具有相同的能量，它们在拉曼光谱中对应同一条谱线。因此，CCl_4 分子振动拉曼光谱应有 4 个基本谱线，实验中测得各谱线的相对强度依次为 $\nu_1 > \nu_4 > \nu_2 > \nu_3$。

具有如 CCl_4 分子结构的 AB_4 型分子还有很多。由于它们具有同样的结构与对称性，因而振动方式的数目、分类与对称性是类似的。可以推知，虽然它们各具有不同频率与强度的拉曼光谱，但谱的基本面貌是相同的。人们利用这一点，把一个结构未知的分子的拉曼光谱和结构已知的分子拉曼光谱进行对比，以确定该分子的结构及其对称性。

三、实验装置

拉曼光谱仪由五个部分组成，如图 4-8 所示。

图 4-8　拉曼光谱仪的基本结构

（1）光源。

由于拉曼散射光的强度很弱，因此实验中特别重视入射到样品的光功率。通常要求激光单色性好、功率强。本实验采用 40 mW 半导体激光器，波长 $\lambda_0 = 532$ nm。

（2）外光路。

外光路的设计应尽可能提高对样品的辐照功率，最有效地收集散射光，满足样品池与单色仪入射狭缝的最佳几何配置，以便最大限度地利用散射光能，并减少杂散光。外光路包括聚光、集光、样品架、滤光和偏振等部件。本实验中：透镜 C_1 聚焦，凹面镜 M_2 使散射光返回样品，透镜 C_2 把散射光会聚到单色仪的入射狭缝上。

（3）色散系统（单色仪）。

色散系统的作用是使拉曼散射光按波长在空间分开。在拉曼光谱测量系统中，多采用单色仪，并要求单色仪具有较高的色散能力，特别重要的是要有极小的杂散光指标。本实验采用的是全息凹面光栅单色仪。

（4）接收系统。

由于拉曼散射光强度极弱，其信号易被深埋在噪声之下，这就需要用到微弱信号探测技术，要求探测系统具有极高的灵敏度和一定的信噪比。本实验采用的是最常用的光电倍增管单通道接收器件。

（5）信息处理与显示系统。

信息处理总的目的是进一步放大拉曼信号和抑制杂散信号，把真实的拉曼信号提取出来。本实验采用的是光子计数，并用厂家提供的软件在电脑上显示测量的拉曼光谱和进行数据处理。

四、实验内容和步骤

（1）调节外光路。

①放入待测样品，打开激光器。

②学习调节外光路系统，使散射光能顺利进入单色仪。最终在入射狭缝处观察绿光的像，要能使其又细又亮（粗调）。

（2）测量液态样品四氯化碳（CCl_4）的振动拉曼谱。

①打开拉曼光谱仪电源，打开计算机，启动应用程序。

②扫描之前一般先要初始化。

③将阈值设定在"11"，负高压设置为"8"，积分时间设置为"100 ms"。

④在正式测量前，必须进行"波长修正"。

将波长工作范围设置为 522~542 nm，点击屏幕上方"检索"键将光栅的初始位置设置在起始工作波长 522 nm 处，然后点击"单程"键进行测量。测量出的光谱图中可以发现一最高峰，将其 X 轴坐标值与 532 nm 比较，如果有偏差，通过上方"读取数据"键将波长修正为 532 nm。

⑤将波长工作范围设置为 510~560 nm，点击上方"检索"键将光栅的初始位置设置在起始工作波长 510 nm 处，然后点击"单程"键进行测量。记录斯托克斯四个谱的位置及相应的强度（表4-1）。

⑥在打印机上打印出拉曼光谱图。

表 4-1　斯托克斯四个谱的位置及相应的强度

	ν_1	ν_2	ν_3(取平均值)	ν_4
位置/nm				
强度/a. u.				

(3)在打印图上标明斯托克斯谱线所对应的简正振动类型(用 ν_1、ν_2、ν_3、ν_4 来表示)。

(4)测量出 ν_1、ν_2、ν_3、ν_4 拉曼峰所对应的退偏振度大小。

①将入射光看作自然光,放置偏振片使散射光为垂直于散射平面的偏振光,将波长工作范围设置为 510～560 nm,点击上方"检索"键将光栅的初始位置设置在起始工作波长 510 nm 处,然后点击"单程"键进行测量。扫描测量后记录 ν_1、ν_2、ν_3、ν_4 拉曼峰所对应的强度于表 4-2 中。

②改变偏振片光轴方向使散射光为平行于散射平面的偏振光,将波长工作范围设置为 510 nm～560 nm,点击上方"检索"键将光栅的初始位置设置在起始工作波长 510 nm 处,然后点击"单程"键进行测量。记录 ν_1、ν_2、ν_3、ν_4 拉曼峰所对应的强度于表 4-2 中。

③利用式(4-10)计算出 ν_1、ν_2、ν_3、ν_4 拉曼峰所对应的退偏振度大小,记录于表 4-2 中。

表 4-2　退偏振度测量表

	ν_1	ν_2	ν_3(取平均值)	ν_4
$I_\perp\left(\dfrac{\pi}{2}\right)$				
$I_{/\!/}\left(\dfrac{\pi}{2}\right)$				
$\rho_n\left(\dfrac{\pi}{2}\right)$				

(5)结束实验。

点击上方"退出"键退出应用程序,点击下方 USB 图标退出仪器,关闭仪器电源,关闭激光电源。

五、数据处理和结果分析

实验结果记录见表 4-3、表 4-4(表中有示例数据),请对实验数据进行处理和结果分析。

表 4-3　斯托克斯四个谱的位置及相应的强度

	ν_1	ν_2	ν_3(取平均值)	ν_4
位置/nm	545.9	538.7	555.5	541.4
强度/a. u.	11530.1	8888.2	2804.7	9399.9

表 4-4　退偏振度测量表

	ν_1	ν_2	ν_3（取平均值）	ν_4
$I_\perp\left(\dfrac{\pi}{2}\right)$	5977.2	3066.4	757.0	3133.4
$I_{/\!/}\left(\dfrac{\pi}{2}\right)$	186.0	1923.1	467.1	2097.2
$\rho_n\left(\dfrac{\pi}{2}\right)$	0.03	0.63	0.62	0.67

六、思考题

1. 拉曼散射与瑞利散射有什么不同？
2. 扫描过程中扫描间距对图像有何影响？
3. 为什么要使用凹面镜聚焦光学系统？

注意事项

1. 外光路调节分粗调和细调，细调是先定点，再调相应螺帽，使纵坐标数字最大。

2. 阈值选在拐点处偏大一点。

3. 陷波器只减小 532 nm 对应的幅度，对拉曼散射不起作用。其目的是提高灵敏度，保护仪器（特别是固体的反射光很强），并且光谱图只显示斯克斯线。

4. 负高压一般选 7。

5. 狭缝宽度一般为 15~25，应使拉曼谱线足够尖。顺时针方向为打开，逆时针方向为关闭。

学科前沿研究和应用案例——拉曼光谱技术领域

邻苯二甲酸酯类（PAEs）塑化剂种类繁多，用途广泛，是玩具塑料中最普遍使用的塑化剂，对儿童健康有极大危害。北京海关指出，PAEs 塑化剂含量超标导致玩具不合格的占比最大。在玩具进出口环节，必须抽检 PAEs 塑化剂的含量以保证玩具安全通关。现行玩具塑料中 PAEs 的检测方法，存在前期处理过程复杂、检测设备昂贵、对操作人员的专业要求较高等缺点，不利于 PAEs 的快速检测。徐昕霞等人提出了激光拉曼光谱快速筛查 PAEs 塑化剂的方法，图 4-9 是玩具塑料中不同颜色区域的拉曼光谱图[1]。采用激光拉曼技术，通过优化处理过程，可快速、无损检测塑料玩具中 PAEs 的种类及含量，能够大大缩短检测时间，节约测试成本，有望应用于海关现场，提高通关速度。

Fukue 等人较早开发的一种新的有高频电源的高功率脉冲磁控溅射（HiPIMS）方法可用于进一步提高薄膜的功能，从而获得高性能类金刚石（DLC）薄膜，而利用拉曼光谱可进一步分析 HF-HiPIMS 沉积的 DLC 薄膜的化学结构，装置如图 4-10 所示。他们首先利用差分谱法对初始拉曼光谱进行波形分离，固定峰值位置，减少拟合参数数量；接着比较了

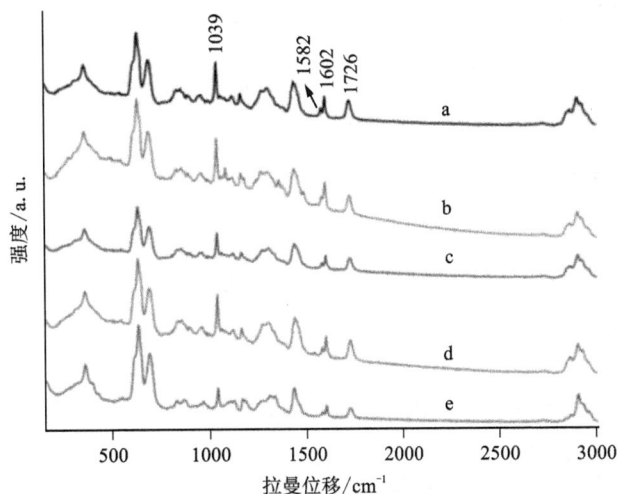

a—粉色样品；b—红色样品；c—黄色样品；d—绿色样品；e—黄绿色样品。

图 4-9 玩具塑料中不同颜色区域的拉曼光谱图

DLC 薄膜的五峰分离和双峰分离的拉曼光谱。五峰分离分析的拉曼参数与薄膜性质之间的关系表明，拉曼光谱可以用来估计 sp^3 C—C/(sp^3C—C+sp^2C══C) 的比值。

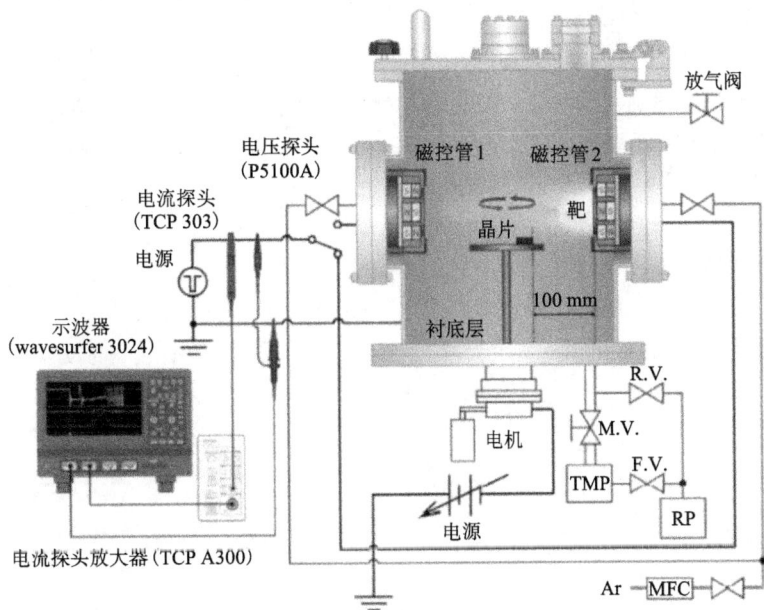

图 4-10 实验装置图

钻井液中的烃能够显示地层的含油气情况，地层含油气浓度的检测对识别真假油，特别是准确解释和评价油气层具有重要意义。激光拉曼光谱技术具有连续、快速、直接检测样品的独特优势，可应用于钻井液中含烃浓度定量识别[3]。图 4-11 是激光拉曼在线检测系统原理图，可对 $C_7 \sim C_{14}$ 正构烷烃及苯进行检测与振动模式指认，优化水基和柴油基钻井液中含油气物质中的标志性拉曼特征峰频移。基于激光拉曼光谱的钻井液中含烃浓度检测技术，为反演地层含油气浓度，提高油气层判识精度提供了一种新的途径。

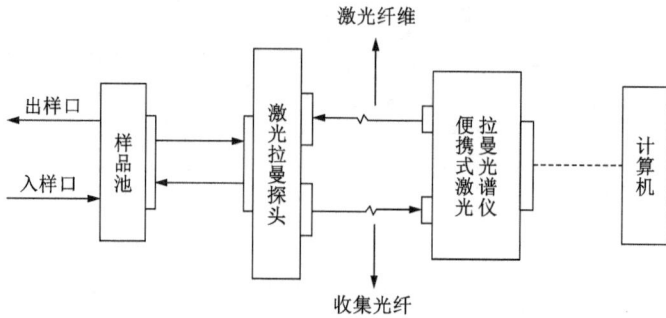

图 4-11　激光拉曼在线检测系统原理图

基于激光拉曼光谱技术的天然气原料气在线分析仪和配套预处理装置可以用于解决天然气净化厂缺乏原料气中的二氧化碳和硫化氢在线分析方法问题[4]。该方法针对天然气原料气含水、油污、颗粒物杂质及含硫和二氧化碳等强腐蚀性物质的特点，建立激光拉曼在线分析新方法，研制了如图 4-12 所示的激光拉曼天然气原料气在线分析仪，并在天然气净化厂开展现场应用测试，图 4-13 是得到的 1 号标气的拉曼光谱图。测试结果表明，硫化氢激光拉曼测定结果和标气示值的偏差小于 1.0%，两种方法的检测结果相符，7 次测量结果的相对标准偏差小于 0.6%；二氧化碳拉曼分析结果和标气示值的相对偏差小于

图 4-12　激光拉曼天然气原料气在线分析仪实物图

1.0%，7 次测量结果的相对标准偏差小于 0.76%。形成的激光拉曼在线分析仪现场运行平稳，可实时反馈气质变化，能够满足天然气净化厂掌握原料气中酸气成分含量的需求。

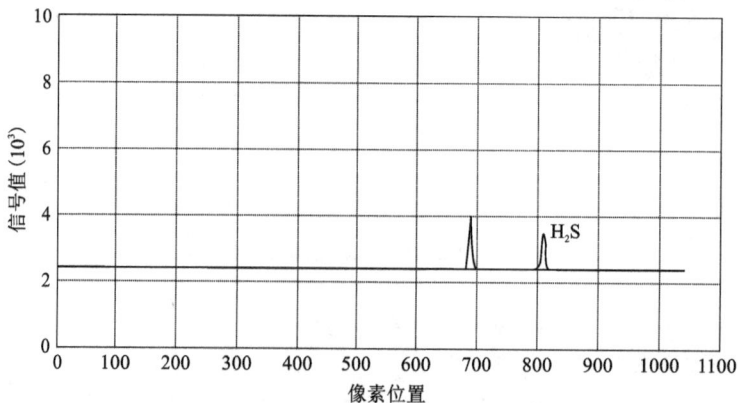

图 4-13　1 号标气的拉曼光谱图

当光线照射一个物体时，会造成此物体内部的原子同步振动。碰撞到这个物体的光子有部分会获得或失去能量，从而改变频率，出现不同波长的光。将不同波长的光，导入一个特定装置，经过反射及碰撞，增强其能量，就可以产生一个同步的激光光束，这就是拉曼激光产生的原理。拉曼激光器利用了拉曼效应，拉曼激光跟一般激光最大的不同是拉曼激光没有居量反转现象。结合拉曼光谱学，它可以显示所照射区域的分子性质，被认为有可能取代传统的 X 射线。最近，有人研制了一种基于 SiC 晶绝缘体 SiC 波导、采用 FP 腔和环形腔并用 1550 nm 激光泵浦的 CW 拉曼激光器，其输出波长为 1762 nm，如图 4-14 所示[5]。根据拉曼耦合波方程，对 FP 腔拉曼激光器的输出特性与耦合输出率、波导长度和泵浦功率等关键参数的关系进行了分析，同时也研究了环形腔激光器中环形长度、耦合系数和耦合位置对输出特性的影响，结果表明，SiC 近红外拉曼激光有很大应用潜力，为发展片上 SiC 拉曼激光器提供了方向和实验支撑。

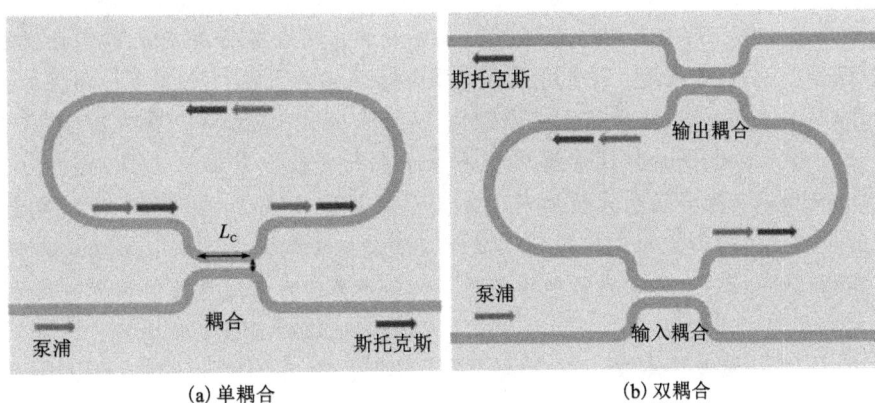

图 4-14　环形腔 SiC 拉曼激光器示意图

参考文献

[1] 徐昕霞, 沈学静, 杨晓兵, 等. 激光拉曼光谱快速筛查塑料玩具中邻苯二甲酸酯的研究[J]. 光谱学与光谱分析, 2020, 40(6): 5.

[2] Hiroyuki F, Tatsuyuki N, Susumu T, et al. Raman spectroscopy analysis of the chemical structure of diamond-like carbon films deposited viahigh-frequency inclusion high-power impulse magnetron sputtering [J]. Diamond and Related Materials, 2024, 142: 110768.

[3] 付洪涛, 杨二龙, 李存磊, 等. 基于激光拉曼光谱的钻井液中含烃浓度定量识别研究[J]. 应用光学, 2019, 40(4): 7.

[4] 朱华东, 张思琦, 唐纯洁. 激光拉曼光谱法天然气原料气中 CO_2 和 H_2S 在线分析研究及应用[J]. 光谱学与光谱分析, 2023, 43(11): 3551-3558.

[5] Zhou J, Wang X S, Kang R Y, et al. Simulation on continuous-wave silicon carbide Raman laser pumped by 1550 nm lasers[J]. Optics Communications, 2024, 554: 130148.

拓展阅读

艰苦勤奋　善思进取

拉曼效应（Raman scattering），也称拉曼散射，1928 年由印度物理学家拉曼发现，指光波在被散射后频率发生变化的现象。1930 年诺贝尔物理学奖被授予当时正在印度加尔各答大学工作的钱德拉塞卡拉·文卡塔·拉曼（Chandrasekhara Venkata Raman，1888—1970），以表彰他研究了光的散射和发现了以他的名字命名的定律。

1921 年夏天，航行在地中海的客轮"纳昆达"号（S. S. Narkunda）上，有一位印度学者正在甲板上用简易的光学仪器俯身对海面进行观测。他对海水的深蓝色着了迷，一心要研究海水颜色的来源。这位印度学者就是拉曼。他正在去英国的途中，代表印度的最高学府——加尔各答大学，到牛津参加英联邦的大学会议，还准备去英国皇家学会发表演讲。这时他才 33 岁。对拉曼来说，海水的蓝色并没有什么稀奇之处。他上学的马德拉斯大学，面对本加尔（Bengal）海湾，每天都可以看到海湾里变幻的海水色彩。事实上，他早在 16 岁（1904 年）时，就已熟悉著名物理学家瑞利用分子散射中散射光强与波长四次方成反比的定律（也叫瑞利定律）对蔚蓝色天空所作的解释。不知道是由于从小就养成的对自然奥秘刨根问底的个性，还是由于研究光散射问题时查阅文献中的深入思考，他注意到瑞利的一段话值得商榷，瑞利说："深海的蓝色并不是海水的颜色，只不过是天空蓝色被海水反射所致。"瑞利对海水蓝色的论述一直是拉曼关心的问题。他决心进行实地考察。于是，拉曼在启程去英国时，在行装里准备了一套实验装置：几个尼科尔棱镜、小望远镜、狭缝，甚至还有一片光栅。他用小望远镜两头装上尼科耳棱镜当起偏器和检偏器，随时都可以进行实验。他用尼科耳棱镜观察沿布儒斯特角从海面反射的光线，即可消去来自天空的蓝光。这样看到的光应该就是海水自身的颜色。结果证实，由此看到的是比天空更深的蓝色。他又用光栅分析海水的颜色，发现海水光谱的最大值比天空光谱的最大值更大。可见，海水的颜色只是部分由天空颜色引起的，海水自身对低频光的吸收能力大于高频光，这也是原因之一。拉曼认为，这一定是由于分子对光的散射。他在回程的轮船上写了两篇论文，讨论这一现象，论文在中途停靠时先后寄往英国，发表在伦敦的两家杂志上。

拉曼返回印度后，立即在科学教育协会开展了一系列的实验和理论研究，探索各种透明媒质中光散射的规律。许多人参与了这些研究。这些人大多是学校的教师，他们在休假日来到科学教育协会，和拉曼一起或在拉曼的指导下进行光散射或其他实验，对拉曼的研究发挥了积极作用。七年间，他们共发表了五六十篇论文。他们先是考察各种媒质分子散射时所遵循的规律，选取不同的分子结构、不同的物态、不同的压强和温度，甚至在临界点发生相变时进行散射实验。1922 年，拉曼写了一本小册子总结了这项研究，题名《光的分子衍射》，书中系统地说明了自己的看法。在这本小册子的最后一章中，他提到用量子理论分析散射现象，认为进一步实验有可能鉴别经典电磁理论和光量子碰撞理论孰是孰非。

1923 年 4 月，他的一名学生拉玛纳桑（K. R. Ramanathan）第一次观察到了光散射中颜色改变的现象。该实验是以太阳作光源，经紫色滤光片后照射盛有纯水或纯乙醇的烧瓶，然后从侧面观察，却出乎意料地观察到了很弱的绿色成分。拉玛纳桑不理解这一现象，把它看成是杂质造成的二次辐射，和荧光类似。因此，他在论文中把这种现象称之为"弱荧光"。然而拉曼不相信这是杂质造成的现象，如果真是杂质造成的二次辐射，那么在仔细提纯的样品中，应该能消除这一效应。

在之后的两年中，拉曼的另一名学生克利希南（K. S. Krishnan）观测了经过提纯的65种液体的散射光，发现都有类似的"弱荧光"，而且他还发现，颜色改变了的散射光是部分偏振的。众所周知，荧光是一种自然光，不具偏振性。由此证明，这种频率变化的现象不是荧光效应造成的。

拉曼和他的学生们想了许多办法研究这一现象。他们试图把散射光拍成照片，以便比较，可惜没有成功。他们用互补的滤光片，用大望远镜的目镜配短焦距透镜将太阳聚焦，实验样品由液体扩展到固体，坚持进行各种实验。

与此同时，拉曼也在追寻理论上的解释。1924年，拉曼到美国访问，正值A. H. 康普顿发现X射线散射后频率变低的效应不久，而怀疑者正在挑起一场争论。拉曼显然从康普顿的发现中得到了重要启示，后来他把自己的发现看成是"康普顿效应的光学对应"。拉曼也经历了和康普顿类似的曲折，经过六七年的探索，他才在1928年初得出明确的结论。拉曼这时已经认识到颜色有所改变、比较弱又带偏振性的散射光是一种普遍存在的现象。他参照康普顿效应中的"变线"，把这种新辐射称为"变散射"（modified scattering）。拉曼又进一步改进了滤光的方法，在蓝紫滤光片前再加一道铀玻璃，使入射的太阳光只能通过更窄的波段，再用目测分光镜观察散射光，竟发现光谱在变散射的入射光和不变的入射光之间，有一道暗区。

1928年2月28日下午，拉曼采用单色光作光源，做了一个非常漂亮的有决定性意义的实验。他从目测分光镜观察散射光，看到在蓝光和绿光的区域里，有两条以上的尖锐亮线。每一条入射谱线都有相应的散射谱线。一般情况下，散射谱线的频率比入射线低，偶尔也观察到比入射线频率高的散射谱线，但强度更弱些。不久，人们开始把这一种新发现的现象称为拉曼效应。1930年，美国光谱学家武德（R. W. Wood）将频率变低的散射谱线取名为斯托克斯线；频率变高的取名为反斯托克斯线。

拉曼是亚洲第一个获得诺贝尔物理学奖的科学家，他一直立足于印度国内，发愤图强，艰苦创业。在他持续多年的努力中，他一直针对理论的薄弱环节，坚持不懈地进行基础研究。拉曼很重视发掘人才，从印度科学教育协会到拉曼研究所，在他的周围总是不断涌现一批批富有才华的学生和合作者。他对学生循循善诱，深受学生敬仰和爱戴。

（参考 https://baike.baidu.com/item/拉曼效应）

实验五
热辐射及红外扫描成像实验

一、实验目的

1. 掌握热辐射效应和探测技术。
2. 掌握红外扫描成像实验原理。
3. 通过红外扫描成像得到样品热辐射图像。
4. 了解热辐射探测技术的应用。

二、实验原理

自然界任何物体均具有一定温度，它们都是"热"的，只是热的程度有差异而已。在物理学中，热是用绝对温度(以 K 为单位)来描述的。因此，上述现象又可表述为：自然界不存在绝对温度为零的物体。因此自然界任何物体都会产生热辐射。

热辐射的研究具有悠久的历史。1790 年，皮克泰(M. A. Pictet)认识到了热辐射问题，把它从热传导中区别开来，并认识到它的直线传播性质，热辐射被明确提出作为物理学研究对象。1800 年，赫谢耳(F. W. Herschel)发现了红外线。1850 年，梅隆尼(M. Melloni)提出热辐射中存在可见光部分。热辐射的真正研究是从基尔霍夫(G. R. Kirchhoff)开始的。1860 年，他从理论上导入了辐射本领、吸收本领和黑体概念，他利用热力学第二定律证明了一切物体的热辐射本领和吸收本领之比等于同一温度下黑体的辐射本领，黑体的辐射本领只由温度决定。他在 1861 年进一步指出，在一定温度下用不透光的壁包围起来的空腔中的热辐射等同于黑体的热辐射。1879 年，斯特藩(J. Stefan)从实验中总结出了物体热辐射的总能量与物体绝对温度四次方成正比的结论。1884 年，玻尔兹曼对上述结论给出了严格的理论证明。1888 年，韦伯(H. F. Weber)提出了波长与绝对温度之积是一定的，维恩(W. Wien)从理论上进行了证明。后来的科学家们试图找到热辐射能量的分布公式，维恩由热力学的讨论，并加上一些特殊假设得出一个分布公式——维恩公式。这个公式在短波部分与实验结果符合，而在长波部分则显著不一致。瑞利(Lord. Rayleigh)和金斯(J. H. Jeans)根据经典电动力学和统计物理学也得出黑体辐射能量分布公式，他们得出的公式在长波部分与实验结果较符合，而在短波部分则完全不符。

普朗克(M. Planck)在维恩经验公式和瑞利-金斯公式的基础上进一步分析实验结果，在电磁理论的基础上试图弄清楚热辐射过程的本质并引入了谐振子的概念，首次提出能量"量子"的假设，得到与实验结果符合得很好的普朗克黑体辐射公式。1905年爱因斯坦(Einstein)用普朗克的量子假设成功地解释了光电效应。1913年，尼尔斯·玻尔在他的原子结构学说中也使用了这一概念。至此，普朗克的能量不连续性概念才被人们接受，并于1918年获得诺贝尔物理学奖。

(一)热辐射的基本概念和定律

当物体的温度高于绝对零度时，均有红外线向周围空间辐射，红外辐射的物理本质是热辐射。其微观机理是物体内部带电粒子不停的运动导致热辐射效应。热辐射的波长为$0.75\sim1000\ \mu m$，如图5-1所示，与电磁波一样具有反射、透射和吸收等性质。设辐射到物体上的能量为Q，被物体吸收的能量为Q_α，透过物体的能量为Q_τ，被反射的能量为Q_ρ。

γ射线	X射线	紫外线	可见光	红外线	微波	
	10^{-5}	10^{-2}	0.4	0.75	1000	$\lambda/\mu m$

图5-1 红外线在电磁波谱中的位置

由能量守恒定律有$Q=Q_\alpha+Q_\tau+Q_\rho$。归一化后可得

$$\frac{Q_\alpha}{Q}+\frac{Q_\tau}{Q}+\frac{Q_\rho}{Q}=\alpha+\tau+\rho=1 \tag{5-1}$$

式中：α为吸收率；τ为透射率；ρ为反射率。

(1)基尔霍夫定律。

基尔霍夫指出：物体的辐射发射量M和吸收率α的比值M/α与物体的性质无关，都等同于同一温度下的绝对黑体的辐射发射量M_B，这就是著名的基尔霍夫定律。

$$\frac{M_1}{\alpha_1}=\frac{M_2}{\alpha_2}=\cdots=M_B=f(T) \tag{5-2}$$

基尔霍夫定律不仅对所有波长的全辐射(或称总辐射)是正确的，而且对任意单色波长λ也是正确的。

(2)绝对黑体。

能完全吸收入射辐射，并具有最大辐射率的物体叫作绝对黑体。实验室中，人工制作绝对黑体的条件是：①腔壁近似等温；②开孔面积≪腔体表面积。本实验中，我们利用红外传感器测量辐射方盒表面的总辐射发射量M。M是所有波长的电磁波的光谱辐射发射量的总和，数学表达式为

$$M=\int_0^{+\infty}M_\lambda d\lambda \tag{5-3}$$

式(5-3)被称为斯特藩-玻尔兹曼定律。不同的物体，处于不同的温度，辐射发射量都不同，但有一定的规律。

比辐射率ε的定义：物体的辐射发射量与黑体的辐射发射量之比，即

$$\varepsilon = \left(\frac{\text{物体辐射发射量}}{\text{黑体辐射发射量}}\right)_T = \frac{M}{M_B} = \frac{\int_0^\infty \varepsilon_\lambda M_{B\lambda}\,\mathrm{d}\lambda}{\int_0^\infty M_{B\lambda}\,\mathrm{d}\lambda} \tag{5-4}$$

由基尔霍夫定律可知，辐射发射量 M 与吸收率 α 的关系为 $M = \alpha M_B$。由能量守恒定律和基尔霍夫定律，即式(5-1)和式(5-2)联立求解

$$\begin{cases} \alpha + \tau + \rho = 1 \\ \alpha = \dfrac{M}{M_B} \end{cases} \tag{5-5}$$

由此可得：$M = M_B(1 - \tau - \rho)$。由上述知识可知，若我们测出物体的辐射发射量和黑体的辐射发射量，便可求出物体的吸收率，还可以获得物体反射率和透射率的有关信息。

(二)空气中热辐射的传播规律研究

许多物理量都与距离 r 的平方成反比。现代物理学认为，这在很大程度上是由空间的几何结构决定的。以天体辐射为例，如果距离 r 的指数比 2 大或者比 2 小，就会影响太阳的辐射场，使地球温度过低或者过高，从而不适合碳基生命形式的存在。热源的辐射量与距离的关系也遵循这一规律。

辐射功率 P：单位时间内传递的辐射能 W，即

$$P = \frac{\mathrm{d}W}{\mathrm{d}t} \tag{5-6}$$

辐射发射量 M：单位面积的辐射源向半球空间发射的辐射功率，即

$$M = \frac{\mathrm{d}P}{\mathrm{d}A} \tag{5-7}$$

辐射强度 I：点源在单位立体角内发射的辐射功率，即

$$I = \frac{\mathrm{d}P}{\mathrm{d}\Omega} \tag{5-8}$$

面积微元 $\mathrm{d}A$ 与立体角微元 $\mathrm{d}\Omega$ 有关系：$\mathrm{d}A = r^2 \mathrm{d}\Omega$，可以得到

$$M = \frac{I}{r^2} \tag{5-9}$$

辐射传感器测量的是辐射发射量 M。如果光源的辐射功率恒定，那么辐射强度为常量，就可以得到辐射发射量与距离的平方成反比的结论。

(三)黑体辐射

黑体辐射实验是量子论得以建立的关键性实验之一。回顾热辐射的研究史，可从科学家们研究热辐射的问题中领悟到普朗克(M. Planck)是如何运用创造性思维在前人实验结果的基础上提出"量子"假设 $E = h\nu$ 的。重温这些经典实验和深刻理解科学家们的创造性思维方法，对我们今天的实验研究和设计均有重要的指导意义。

1888 年，韦伯(H. F. Weber)提出了波长与绝对温度之积是一定的。维恩从理论上进行了证明，其数学表达式为

$$\lambda_{\max} = \frac{A}{T} \tag{5-10}$$

式中：A 为常数，$A = 2.896 \times 10^{-3}(\mathrm{m \cdot K})$。随温度的升高，绝对黑体光谱辐射亮度的最大值的波长向短波方向移动，即维恩位移定律。

黑体光谱辐射亮度由式(5-11)给出

$$L_{\lambda T} = \frac{E_{\lambda T}}{\pi} [\mathrm{W/(m^3 \cdot Sr)}] \tag{5-11}$$

图 5-2 为黑体的频谱亮度随波长的变化曲线。在每一条曲线上都标出黑体的绝对温度与频谱亮度曲线峰值的相交点，这些相交点的连线表示频谱亮度的峰值波长 $\lambda_{\max}$ 与它的绝对温度 T 成反比，即维恩位移定律。普朗克(M. Planck)在总结和分析维恩、瑞利和金斯的研究成果的基础上，从电磁理论的基础上试图弄清楚热辐射过程的本质，为此他引入了谐振子的概念。1900 年 12 月，普朗克公布与实验符合得很好的普朗克黑体辐射公式

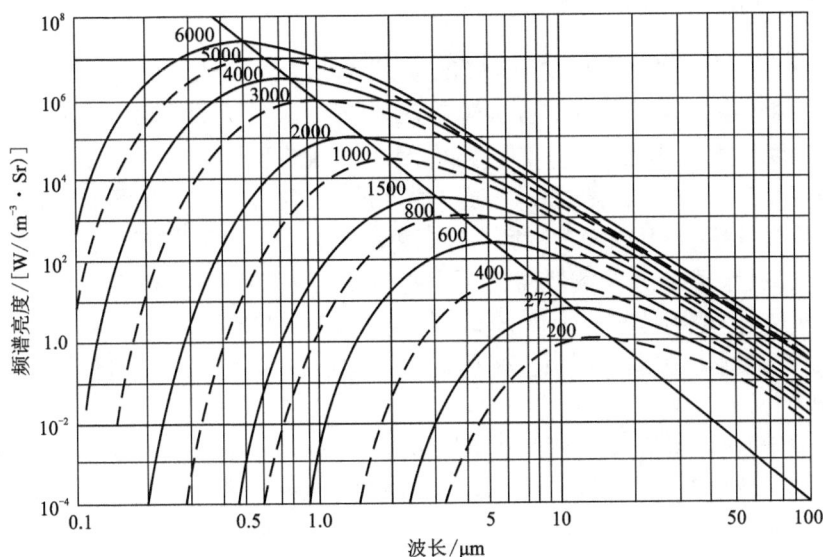

图 5-2 黑体的频谱亮度随波长的变化曲线

$$M_\lambda = \frac{c_1}{\lambda^5} \cdot \frac{1}{e^{c_2/\lambda T} - 1} \tag{5-12}$$

式中：$c_1 = 2\pi h c^2$，$c_2 = ch/k$；M_λ 是光谱辐射发射量，代表单位面积的辐射源在某波长附近单位波长间隔内向空间发射的辐射功率。这一研究结果促使他进一步探索该公式所蕴含的更深刻的物理本质。他发现，如果作如下"量子"假设：对一定频率 ν 的电磁辐射，物体只能以 $h\nu$ 为单位吸收或发射它。也就是说，吸收或发射电磁辐射只能以"量子"的方式进行，每个"量子"的能量为 $E = h\nu$，式中 h 是普朗克常数，等于 $6.6260693 \times 10^{-34} \mathrm{J \cdot s}$。这种吸收或发射电磁辐射能量不连续性的概念，尽管可以很好地解释黑体辐射的经验公式，但因为与经典的光学和电磁学相对立而未能引起科学界的注意。第一个关注量子假设的是爱因斯坦(Einstein)，他在 1905 年用普朗克的量子假设成功地解释了光电效应的问题，1913 年尼尔斯·玻尔在他的原子结构学说中也使用了这一概念。普朗克的能量不连续性

概念此时才被人们接受，他在 1918 年获得诺贝尔物理学奖。黑体辐射和光电效应等现象引导人们发现了光的波粒二象性，人们正是在光的波粒二象性的启发下，开始认识到微观粒子的波粒二象性，才开辟了建立量子力学的途径。

(四)斯特藩-波尔兹曼定律

1879 年，斯特藩(J.Stefan)从实验中总结出了物体热辐射的总能量与物体绝对温度的四次方成正比的结论；1884 年，玻尔兹曼对上述结论给出了严格的理论证明，其数学表达式为

$$M = \int_0^{+\infty} M_\lambda d\lambda = \sigma T^4 \tag{5-13}$$

式中：$\sigma = 5.673 \times 10^{-12}$ W/(cm^2 · K^4)，为斯特藩-玻尔兹曼常数。不同的物体，处于不同的温度，辐射出射度都是不同的(但还是有规律的)。而实验的目的，就是让我们认识到这种不同，并试着发现实验的规律性。

(五)红外探测

红外探测器件有两种主要形式：①需要制冷型的光(量)子型红外探测器件，通过光致激发将光子直接转换成半导体中的自由载流子，制冷型红外探测器具有高灵敏度、高分辨率、高响应速度和宽波段响应等特点；②非制冷型的量热型红外探测器件，通过吸收入射辐射使晶格温度升高从而改变探测器的某些物理量，非制冷型红外探测器具有体积小、重量轻、价格低廉等特点，相较于制冷型红外探测器来说，更加便于制造和使用。

非制冷型的量热型红外探测器件工作原理：外来辐射照射到物体上，物体吸收外来辐射，晶格振动加剧，辐射能转换为热能使物体温度升高，热产生电或磁的效应，通过电或磁的度量来探测辐射的强弱。利用这种原理制成的器件有热电阻、热电偶、热释电、热释磁探测器等。

本实验使用的热探测器是典型的热电堆传感器 OTP-538U，是由热电偶构成的一种器件。热电偶是一种基于热电效应——Seebeck 效应来工作的温差电元件。把两根不同材料的两个端头焊接(电焊、铜焊或锡焊)起来，即构成一个热电偶。当一个端头较热、另一个端头较冷时，由于 Seebeck 效应将在热电偶的开路端产生温差电动势(在闭路热电偶中产生温差电流)；因为产生的温差电动势与两个端头之间的温度差(温度梯度)成正比(比例系数为 Seebeck 系数)，所以，如果固定一个端头(参考极)的温度不变，那么由热电偶的温差电动势大小即可得知另一个端头(传感器)的温度，从而可把热电偶作为温度传感器使用。

热电偶中被红外线照射的吸收膜是一种热容量小、温度容易上升的薄膜。其在紧靠衬板中央的下部为一空洞结构，这种结构的设计确保了冷端和测温端的温度差。热电偶由多晶硅与铝构成，两者串联。当各个热电偶测温端温度上升时，热电偶之间就会产生热电动势，因此在输出端就可以获得它们的电压之和。图 5-3 是热电堆的结构与工作原理图。

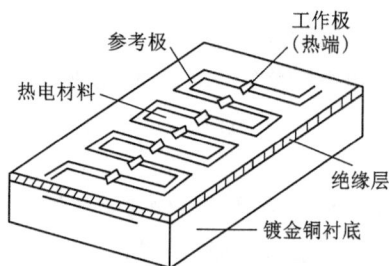

图 5-3　热电堆的结构与工作原理图

红外技术在国防中已用于目标跟踪、武器制导、

夜间侦察等各个方面。红外技术在医疗诊断上作用也非同寻常，它可以和 B 超、CT、X 射线等媲美，并互为补充，特别是它的无损伤探测，对人体不会造成任何损害，而且操作简捷、方便，可以用于普查、筛选。远红外热成像仪是利用现代高科技手段，对运行设备进行无接触检测的一种仪器。使用远红外热成像仪可以得到电气设备、阀门、电动机、轴承以及处于探测器温度范围内的任何设备的热像图。

三、实验内容和步骤

(一)红外辐射扫描生成数据

(1)装配好实验装置，打开微机，找到热辐射与红外扫描成像综合实验仪软件，运行该软件，出现如图 5-4 所示的实验主界面。

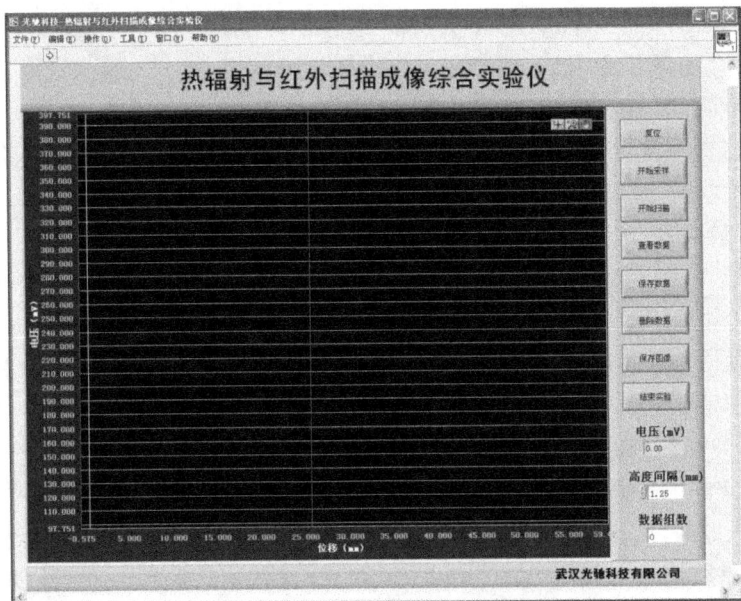

图 5-4　红外扫描成像实验主界面

(2)打开热辐射源的控制电源和温控装置，设定热辐射盒的温度(一般取热辐射盒表面温度小于 80 ℃，如 50 ℃)，等待约 20 min 待温度稳定时，保证热辐射盒表面温度的误差在-0.2~0.2 ℃(一般可控制为-0.1~0.1 ℃)，使热辐射盒待测样品的表面与红外传感器的敏感面平行。调试二维电动扫描系统确保待测样品全部落在所扫描的区间内。

(3)设置红外传感器和设定红外传感器的初始高度；设置位移传感器的通道并对位移传感器进行定标和校准。

(4)开机，使软件处于运行状态。此时只有"复位"按钮和"开始采样"按钮可以操作，其余按钮都显示为灰色，也就是说只能执行复位或采样操作。

(5)点击主界面上的"复位"按钮，当红外检测装置回到原点时电机自动停止。

(6)点击"开始扫描"按钮，红外检测装置沿正向开始运行扫描，软件开始自动绘图，得到如图 5-5 所示的曲线图。扫描结束后，电机自动回到原点。

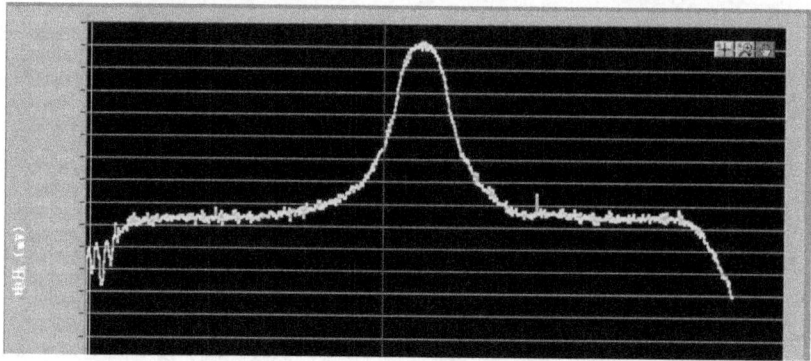

图 5-5　扫描得到的曲线图

(7)将传感器沿垂直导轨方向均匀降低/升高 1.25 mm 或 2.50 mm(逆时针/顺时针旋转 1 圈或 2 圈)，重复步骤(6)。若扫描的实验数据不理想，点击"删除数据"。

(8)重复步骤(6)和步骤(7)，测量 20 组数据。

(9)20 条曲线采集完成后，点击"保存图像"按钮，可以将采集到的 20 条曲线保存下来。点击"保存数据"按钮，可以将采集到的 20 组数据保存下来。

(10)测量结束后，点击"结束实验"按钮，退出数据采集程序。

(二)数据处理和成像

(1)退出数据采集程序后，回到红外成像目录下，进入 demo_app 图像和数据处理程序。双击 demo_app 图标，进入 IISDP 红外成像系统数据处理界面。

(2)单击"导入"按钮，选择刚刚保存的 20 组数据文件。注：在导入数据之前，先打开所保存的数据文件，对照虚拟扫描的数据进行格式修正。

(3)对导入的数据，可在"选择数据"框中进行查看。在右侧就可以显示该组数据所形成的图像。如果数据图像不理想，可以点击"删除"按钮进行删除。在"数据信息"框中定义 X 轴数据范围和 Y 轴数据范围。检查数据结束后，单击"二维绘图"按钮，右侧会出现所有数据形成的图像。点击"二维插值"可以对数据数组进行自动插值。单击"平滑滤波"按钮，对数据进行平滑滤波。单击"三维表面"按钮，可观察物体的三维表面。单击"保存图像"按钮，即可对物体图像进行保存。

(4)退出数据处理程序，结束实验。

(三)物体辐射量与温度之间的关系

(1)组装实验装置，根据实验内容进行相应的参数设置。辐射盒提供了颜色和表面粗糙度的选择，热辐射盒温度可调范围为室温至 80 ℃，通过控温仪控制热辐射盒的温度。

(2)打开控温仪并设定热辐射盒的控温温度，等待至热辐射盒达到热平衡时，恒温 5 min，注意观察热辐射盒的温度变化，并记录下温度波动范围，作为分析实验结果的依据。

（3）热辐射盒温度稳定后，点击测试软件进行测量，多次测量取平均值，并记录相应的测量结果。从室温开始，每隔 5 ℃测量 1 次，最高温度不超过 80 ℃。

（4）用软件的数据处理模块处理数据并拟合结果，记录实验曲线并给出结果分析。

（四）材料热辐射特性和规律的研究

（1）将热辐射盒的温度设定在 50 ℃，测量光滑面的辐射量，多次测量，取平均值，并在实验测试软件上记录数据。注意：要保证每次测量时，传感器与待测物体的距离相同。

（2）保持热辐射盒温度不变，依次测量粗糙面和黑色面的辐射量。

（3）更换待测物体，在光学平板上放置样品架，选择非金属样品（聚四氟乙烯、陶瓷、木炭、水泥、高分子材料、大理石等各类材料），重复步骤（1）。测量完毕，关闭电源。

（五）用红外探测法研究物体冷却定律

（1）将待测物体（一般使用热辐射盒的黑色面）固定在导轨上距红外传感器 5 cm 处，并将传感器对准待测物体中部。

（2）测量时记录下环境温度 T_0，将待测物体加热至 60 ℃（最高不超过 80 ℃）。

（3）等待 20 min，温度稳定后，单击软件上的"开始采样"，记录此刻的检测电压值；用秒表计时，过 60 s 或 120 s 时，单击软件上的"开始采样"，记录此刻的检测电压值。

（4）重复步骤（3），记录时间与辐射量于表 5-1，若数据偏差较大，删去。

表 5-1　时间与辐射量数据表

时间/min	1	2	3	4	5	…
辐射量/V						

（5）当控温仪显示待测物体温度与室温相近时，不再测试。根据测试得到的数据得到待测物体的辐射量的冷却曲线，记录测量的温度范围并保存曲线。

四、数据处理和结果分析

（1）结合扫描成像时的实验温度和测量范围数据，对红外扫描成像的图像结果进行分析。

（2）根据黑色面的辐射量与相应温度的记录数据，拟合物体辐射量与温度之间的关系曲线，并总结物体辐射量与温度之间的关系。

（3）查阅资料，根据实验记录的数据，分析在温度相同时，物体表面粗糙度对辐射量的影响。

（4）对物体的冷却曲线进行拟合，得出待测物体的冷却定律。查阅资料，根据牛顿冷却定律，对实验结果进行评价。

（5）对有 20 条扫描曲线的图像和经数据处理形成的成像三维图像截图或拍照后打印粘贴在实验报告上，最后分析和讨论实验结果。

五、思考题

1. 热辐射与物体温度有什么关系？低于 0 ℃ 的物体是否有热辐射？
2. 扫描图像中圆孔的热辐射为何不是圆形？
3. 扫描图像中的曲线为什么会有波动？

注意事项

1. 在电机运行过程中，由于操作失误将电机转到两端无法停止时，请立即切断电源，关闭软件并重新启动，否则会损坏电动平移台。尤其在数据扫描期间，不允许强制关闭上位机软件和上位机电脑，否则会造成电机转至两端无法停止而损坏电机的情况。也不允许在扫描数据期间拔掉 USB 数据线，否则会造成扫描数据不准确和电机无法停机的情况。必须在扫描完成电机回到原点后，才可以退出上位机软件。这几点必须注意！

2. 测量和数据采集过程中，发现采集曲线不理想，待一次扫描完成电机回到原点停止运行时，单击"删除数据"按钮，将刚采集到的曲线删除，重新测量。不可在扫描过程中切断电源或关闭软件。

3. 采集数据时，从最高/最低点开始，每降低/升高一段距离后重新采集一组数据，数据采集次序不能乱。如果出现数据采集错误，必须删除。

学科前沿研究和应用案例——红外探测技术领域

铁电陶瓷具有优异的热释电性能，是红外探测器的核心敏感元材料。目前普遍采用铅基陶瓷材料，发展无铅铁电陶瓷用于热释电红外探测是近年来电介质物理与材料的一个热点。图 5-6 为不同体系铁电陶瓷的热释电系数与退极化温度关系图，可见 BT 基陶瓷和 SBN 基陶瓷因居里温度低，性能裁剪范围有限[1]。BLSF 陶瓷由于高居里温度，热释电系数和电压响应优值均较小，也难以在常规热释电探测中获得广泛应用。KNN 基陶瓷的热释电性能和 Pb 基陶瓷仍有一定差距，但由于该体系热释电效应研究尚处于起步阶段，且居里温度高，有望取得进一步性能改善。值得关注的是 BNT 基陶瓷是图 5-6 中热释电性能范围与 Pb 基陶瓷均存在交集的唯一无铅体系，特别是采用传统固相反应法制备的基于 BNT 改性的四方相 BNT-BT 体系、BNT-BA 体系等，初步显示了热释电性、稳定性和工艺适应性均良好的特征，具备一定应用潜力。

红外小目标检测是红外图像处理和机器视觉的研究核心，被广泛应用于民用和军事领域。虽然近年来红外小目标检测的精度和效率都有了显著提高，但由于红外小目标体积小、信号弱、易被背景淹没等，在复杂场景下仍然存在漏检和虚警问题。针对上述问题，一种基于坐标辅助和特征融合的红外小目标检测方法被提出，被命名为 CAFF-Net[2]。该方法为了提高检测概率，提出一种深、浅特征融合策略，既能捕获小目标的底层结构和纹理特征，又能捕获小目标的高层语义信息，以避免漏检。其采用的坐标辅助机制，可在特征映射中突出目标显著性，抑制背景干扰，降低复杂场景下的虚警率。

红外摄像机作为可见光探测设备的互补传感器，被广泛应用于夜间航行船舶探测。然而，由于红外图像分辨率低、对比度低、信噪比低等缺点，红外舰船检测技术仍然面临挑

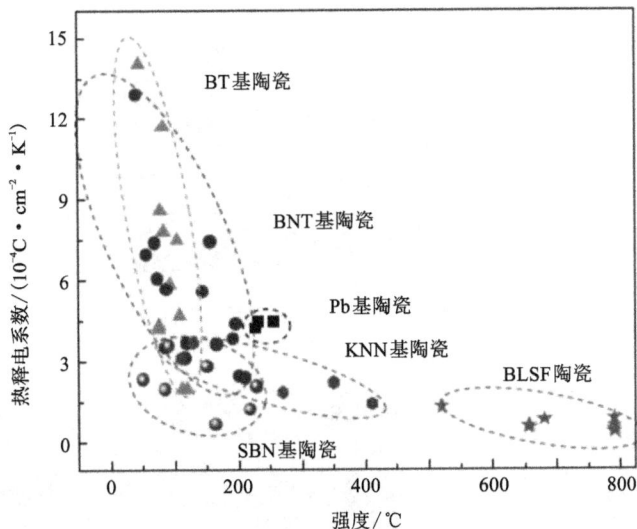

图 5-6　不同体系铁电陶瓷的热释电系数与退极化温度关系图

战。一种利用组合、重新设计现有主干的独特技术被提出，该技术是用于增强红外船舶探测的特征提取能力的有效方法[3]。所提出的 IRMultiFuse Net 在优化计算资源的同时，充分利用了各种主干特征提取方法的优势。实验结果表明，IRMultiFuse Net 优于最先进的网络，精度为 92.5%，F1 分数为 88.8%。图 5-7 是基于研究模型得到的红外图像及其检测结果。

为适应现代战场需要，红外探测技术被不断拓展应用于军事领域，高速飞行条件下红外探测关键技术日益成为国内外的研究热点[4]。通常情况下，物体飞行速度大于 1 Ma 即为高速飞行；飞行速度超过 5 Ma 则为高超声速飞行。处于高速飞行状态下的物体，通常具有体积小、速度快的

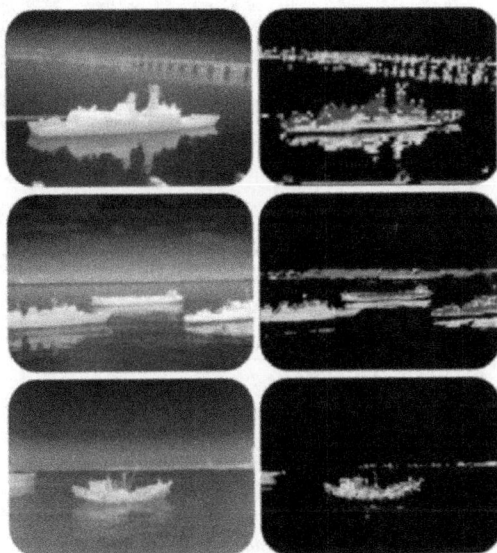

图 5-7　基于研究模型得到的
红外图像及其检测结果

特点，在与大气层内空气剧烈摩擦后，表面会积累热量，辐射红外信号。对于该类目标的常用探测手段通常包括雷达探测和红外探测，由于地球曲率的存在不利于雷达实现远距离实时探测，这种情况下可利用红外系统探测捕获高速飞行目标信息；但当红外探测系统自身处于高速飞行状态时，往往会受到光学窗口自身辐射、周围空气场扰动等因素制约，探测效果会受到很大的影响（图 5-8）。高速飞行条件下红外探测系统平台、气动光学效应防护、红外图像处理等关键技术研究，有利于推动红外探测技术在军事领域的推广与应用。

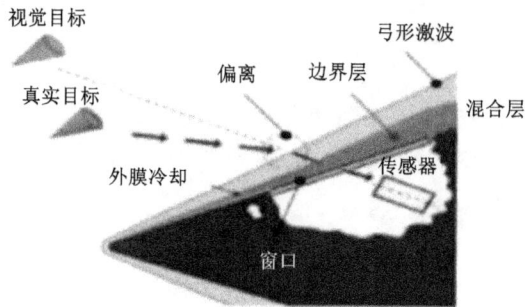

图 5-8　红外成像导引头瞄视误差示意图

红外探测技术及配备冷光学的红外成像终端可在现有地基大口径光学望远镜系统的基础上发展形成新的观测能力，实现空间目标的全天时成像探测，并能够提供空间目标的温度及红外辐射特性密度区域分布图，为我国未来空间站等在轨航天器的运行状态监测、故障分析与未知空间目标的识别提供有力支持。中国科学院长春光学精密机械与物理研究所开展了提高地基光电系统对空

图 5-9　短波红外成像终端

间目标的探测能力的研究，图 5-9 是短波红外成像终端[5,6]。该研究结合空间目标红外辐射特性，使用大气透过率及天空背景辐射参数、光学系统光谱透过率、探测器波段响应特性等相关参数确定了一种空间目标的信噪比模型，该模型有利于增强地基光电系统对空间目标的探测能力。

参考文献

［1］郭少波，闫世光，曹菲，等. 红外探测用无铅铁电陶瓷的热释电特性研究进展［J］. 物理学报，2020，69(12)：16.

［2］Shi Q, Zhang C X, Chen Z, et al. An infrared small target detection method using coordinate attention and feature fusion［J］. Infrared Physics & Technology, 2023, 131: 104614.

［3］Weina Zhou, Teng Ben. IRMultiFuseNet: Ghost hunter for infrared ship detection. Displays, 2024, 81: 102606.

［4］陈栋，孟奇，连细南. 高速飞行条件下红外探测关键技术研究［J］. 舰船电子工程，2022，42(10)：194-198.

［5］黄智国. 空间目标地基红外探测技术研究［D］. 长春：中国科学院大学(中国科学院长春光学精密机械与物理研究所)，2024.

［6］Zhi G H, Li M Y, Jian L W, et al. Atmospheric Attenuation Correction Based on a Constant Reference for High-Precision Infrared Radiometry［J］. Applied Sciences, 2017, 7(11): 1165.

拓展阅读

破解世界级难题　推动我国红外传感技术发展

中国科学院上海技术物理研究所研究员褚君浩是红外物理学家、半导体物理和器件专家、中国科学院院士。在红外物理领域，褚君浩院士在20世纪80年代提出的CXT公式和吸收系数公式成为碲镉汞材料器件设计的重要依据，且至今仍是国际上判断红外探测器新材料、新结构的通用公式。CXT公式和吸收系数公式正是以褚君浩（C）、徐世秋（X）、汤定元（T）这三位科学家的名字命名的。全球红外物理领域科研人员的必读书目之一便是褚君浩所著的《窄禁带半导体物理学》，作为国际上全面综述窄禁带半导体有关研究成果的第一本专著，被几十个国家的研究机构作为开展相关材料和器件研究的理论依据。

科学史上，红外光的发现多少带着偶然的成分——19世纪初，英国科学家赫胥尔设计了一个实验装置，将太阳光分解成彩色光带，然后在不同颜色光带中放置温度计，以测量光带中不同色光所包含的能量，再和室内其他位置的温度计进行比较。赫胥尔意外发现，放在光带红光外的温度计，比室内其他温度计的指示值都要高。经过反复实验，他证实了太阳发出的光线中除了可见光外，还有一种看不见的"热线"，由于其位于红色光外侧，因而被称为"红外光"。宇宙苍穹，红外光虽然无法用肉眼看见，但时时刻刻帮助人们洞察世界的真相。照向国之重器，也直抵民生所需。有了它的助力，"玉兔号"月球车和"祝融号"火星车得以睁开"眼睛"，探测星球表面的物质成分；风云卫星能够实时采集数据，为大气做"CT"，追踪台风飘忽不定的轨迹；救援人员能探测山林大火之后哪里还有生命留存……

研究生期间，导师汤定元给褚君浩布置的是一项"看似不可能"的任务——测量出碲镉汞红外本征光吸收光谱。这在当时是一个世界级难题，尚无人攻克。要测量出碲镉汞红外本征光吸收光谱，首先就需要制备出大量碲镉汞薄样品以解决如何测量高吸收系数的问题。然而这种样品价格昂贵，指甲盖大小的样品就需要上千美元。令褚君浩感动的是，研究所其他小组在生产这种材料，他们毫无保留地贡献出自己的资源，集合一切力量，帮助褚君浩实现从"0"到"1"的突破。

为了"看见"这道光，更为了让这道光为国为民所用，褚君浩已经奋斗了半个多世纪。他坦言，20世纪80年代初他曾有机会赴美攻读博士，且1年的津贴是留在国内的20倍，不过，需要他转攻其他领域。听取了汤定元先生建议，褚君浩选择了留在上海技术物理研究所。"红外技术是买不到的，经过几十年自立自强研究发展，从20世纪90年代开始，我们已经不再受技术'卡脖子'的影响，构建了从基础研究、应用研究到工程应用的独立体系。"讲到红外技术的发展前景，他的语气铿锵有力。"我们已经能够制备出很好的窄禁带半导体材料，在不同的波段都有很好的性能，并且把这些材料、器件应用于空天科技、风云卫星、火星探测、月球探测等各个领域。"褚君浩打了个形象的比方："我们已经从跟跑到并排跑，到现在开始部分领跑。"

褚君浩院士认为思维和创新是科研的灵魂，科研工作还必须勤奋，青年科研工作者身上应该具备这些特质，科学研究往往需要花时间才能看到成果，在这个过程中，目标一定要明确。

[参考 https://doi.org/10.1038/s41377-023-01147-w 及中国科学院院士褚君浩：破解世界级难题，推动我国红外传感技术发展！（专访）]

实验六

晶体的电光－磁光效应实验

6.1 晶体的电光效应实验

一、实验目的

1. 掌握晶体电光调制器的工作原理。
2. 掌握晶体的电光效应和实验方法。
3. 掌握电光晶体半波电压和晶体透过率的测量方法。
4. 观察电光强度调制现象。

二、实验原理

当在晶体上施加电场之后，将引起束缚电荷的重新分布，并可能导致离子晶格的微小形变，其结果将引起介电常数的变化，最终导致晶体折射率的变化。所以，折射率成为外加电场 E 的函数，这时晶体折射率的变化可用施加电场 E 的幂级数表示，即

$$\Delta n = n - n_0 = c_1 E + c_2 E^2 + \cdots + c_n E^n \tag{6-1}$$

式中：c_1，c_2，$\cdots$，c_n 为常量；n_0 为未加电场时的折射率。右边式中第一项称为线性电光效应或泡克耳斯效应；第二项是电场的二次项，称为二次电光效应或克尔效应。对于大多数电光晶体材料，一次效应要比二次效应显著，可略去二次项(只有在具有对称中心的晶体中，因不存在一次电光效应，二次效应才比较明显)及后面的高次项。

光在各向异性晶体中传播时，因光的传播方向不同或者电矢量的振动方向不同，光的折射率也不同。通常用折射率椭球来描述折射率与光的传播方向、振动方向的关系。在主轴坐标系中，折射率椭球方程为

$$\frac{x^2}{n_1^2} + \frac{y^2}{n_2^2} + \frac{z^2}{n_3^2} = 1 \tag{6-2}$$

式中：n_1，n_2，n_3 为椭球三个主轴方向上的折射率，称为主折射率，如图 6-1 所示。

当晶体上加上电场后，折射率椭球的形状、大小、方位都发生变化，折射率椭球方程变为

$$\frac{x^2}{n_{11}^2} + \frac{y^2}{n_{22}^2} + \frac{z^2}{n_{33}^2} + \frac{2}{n_{23}^2}yz + \frac{2}{n_{13}^2}xz + \frac{2}{n_{12}^2}xy = 1$$

$$(6-3)$$

只考虑一次电光效应，式（6-3）与式（6-2）相应项的系数之差和电场强度的一次方成正比。由于晶体的各向异性，电场在 x,

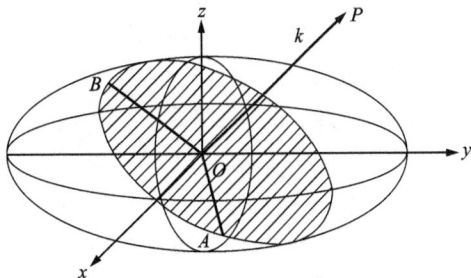

图 6-1　晶体折射率椭球

y, z 各方向上的分量对折射率椭球方程的各个系数的影响是不同的，可用以下形式表示

$$\begin{cases} \dfrac{1}{n_{11}^2} - \dfrac{1}{n_1^2} = \gamma_{11}E_x + \gamma_{12}E_y + \gamma_{13}E_z \\[2mm] \dfrac{1}{n_{22}^2} - \dfrac{1}{n_2^2} = \gamma_{21}E_x + \gamma_{22}E_y + \gamma_{23}E_z \\[2mm] \dfrac{1}{n_{33}^2} - \dfrac{1}{n_3^2} = \gamma_{31}E_x + \gamma_{32}E_y + \gamma_{33}E_z \\[2mm] \dfrac{1}{n_{23}^2} = \gamma_{41}E_x + \gamma_{42}E_y + \gamma_{43}E_z \\[2mm] \dfrac{1}{n_{13}^2} = \gamma_{51}E_x + \gamma_{52}E_y + \gamma_{53}E_z \\[2mm] \dfrac{1}{n_{12}^2} = \gamma_{61}E_x + \gamma_{62}E_y + \gamma_{63}E_z \end{cases}$$

$$(6-4)$$

式中：γ_{ij} 叫作电光系数（$i=1, 2, 3, \cdots, 6$；$j=1, 2, 3$），共有 18 个，E_x，E_y，E_z 是电场 E 在 x、y、z 方向上的分量。式（6-4）是晶体一次电光效应的普遍表达式。式（6-4）可写成矩阵形式

$$\begin{pmatrix} \dfrac{1}{n_{11}^2} - \dfrac{1}{n_1^2} \\[2mm] \dfrac{1}{n_{22}^2} - \dfrac{1}{n_2^2} \\[2mm] \dfrac{1}{n_{33}^2} - \dfrac{1}{n_3^2} \\[2mm] \dfrac{1}{n_{23}^2} \\[2mm] \dfrac{1}{n_{13}^2} \\[2mm] \dfrac{1}{n_{12}^2} \end{pmatrix} = \begin{bmatrix} \gamma_{11} & \gamma_{12} & \gamma_{13} \\ \gamma_{21} & \gamma_{22} & \gamma_{23} \\ \gamma_{31} & \gamma_{32} & \gamma_{33} \\ \gamma_{41} & \gamma_{42} & \gamma_{43} \\ \gamma_{51} & \gamma_{52} & \gamma_{53} \\ \gamma_{61} & \gamma_{61} & \gamma_{63} \end{bmatrix} \begin{bmatrix} E_x \\ E_y \\ E_z \end{bmatrix}$$

$$(6-5)$$

电光效应根据施加的电场方向与通光方向的相对关系，可分为纵向电光效应和横向电光效应。利用纵向电光效应的调制，叫作纵向电光调制；利用横向电光效应的调制，叫作横向电光调制。晶体的一次电光效应分为纵向电光效应和横向电光效应两种。把加在晶体上的电场方向与光在晶体中的传播方向平行时产生的电光效应，称为纵向电光效应，通常以 KDP 类型晶体为代表。加在晶体上的电场方向与光在晶体里传播方向垂直时产生的电光效应，称为横向电光效应，以 LiNbO$_3$ 晶体为代表。

这次实验中，我们只做 LiNbO$_3$ 晶体(图 6-2)的横向电光强度调制实验。我们采用对 LN 晶体横向施加电场的方式来研究 LiNbO$_3$ 晶体的电光效应。其中，晶体被加工成 5 mm× 5 mm×30 mm 的长条，光轴沿长轴通光方向，在两侧镀有导电电极，以便施加均匀的电场。

铌酸锂晶体是负单轴晶体，即 $n_x = n_y = n_o$，$n_z = n_e$。式中，n_o 和 n_e 分别为晶体寻常光和非寻常光的折射率。加上电场后折射率椭球发生畸变，对 LiNbO$_3$ 晶体，由于晶体的对称性，电光系数矩阵形式为

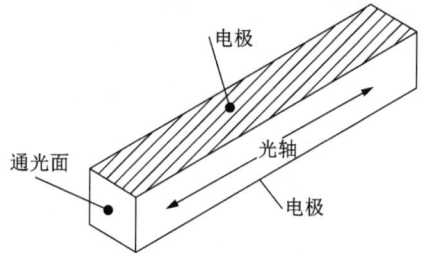

图 6-2 LiNbO$_3$ 晶体

$$\gamma_{ij} = \begin{bmatrix} 0 & -\gamma_{22} & \gamma_{13} \\ 0 & \gamma_{22} & \gamma_{13} \\ 0 & 0 & \gamma_{33} \\ 0 & -\gamma_{51} & 0 \\ \gamma_{51} & 0 & 0 \\ -\gamma_{22} & 0 & 0 \end{bmatrix} \tag{6-6}$$

当沿 x 轴方向加电场，光沿 z 轴方向传播时，晶体由单轴晶体变为双轴晶体，垂直于 z 轴方向折射率椭球截面由圆变为椭圆，此椭圆方程为

$$\frac{x^2}{n_o^2} + \frac{y^2}{n_o^2} - 2\gamma_{22}xyE_x = 1 \tag{6-7}$$

当沿 x 轴方向加电场时，新折射率椭球绕 z 轴转动 45°。进行主轴变换后得到

$$\left(\frac{1}{n_o^2} - \gamma_{22}E_x\right)x'^2 + \left(\frac{1}{n_o^2} + \gamma_{22}E_x\right)y'^2 = 1 \tag{6-8}$$

考虑到 $n_o^2\gamma_{22}E_x \ll 1$，经化简得到

$$\begin{cases} n_{x'} = n_o + \dfrac{1}{2}n_o^3\gamma_{22}E_x \\[2mm] n_{y'} = n_o - \dfrac{1}{2}n_o^3\gamma_{22}E_x \\[2mm] n_{z'} = n_e \end{cases} \tag{6-9}$$

图 6-3 为典型的利用 LiNbO$_3$ 晶体横向电光效应原理图。其中起偏器的偏振方向平行于电光晶体的 x 轴，检偏器的偏振方向平行于 y 轴。因此入射光经起偏器后变为振动方向平行于 x 轴的线偏振光，它在晶体的感应轴 x' 轴和 y' 轴上的投影的振幅和位相均相等，用

复振幅的表示方法,设为

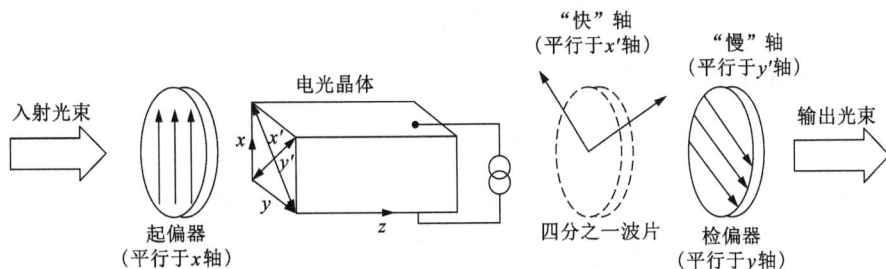

图6-3   晶体横向电光效应原理图

$$\begin{cases} E_{x'}(0) = A\exp(i\omega t) \\ E_{y'}(0) = A\exp(i\omega t) \end{cases}$$

所以,入射光的强度为

$$I_i = |E_{x'}(0)|^2 + |E_{y'}(0)|^2 = 2A^2 \qquad (6\text{-}10)$$

当光通过长为 l 的电光晶体后, x' 和 y' 两分量之间就产生位相差 δ,换成相对的相位差表示,即

$$\begin{cases} E_{x'}(l) = A \\ E_{y'}(l) = A\exp(i\delta) \end{cases} \qquad (6\text{-}11)$$

通过检偏器出射的光,是这两分量在 y 轴上的投影之和

$$E_y = \frac{A}{\sqrt{2}}(e^{i\delta} - 1) \qquad (6\text{-}12)$$

其对应的输出光强 I_1 可写成

$$I_1 = E_y \cdot E_y^* = \frac{A^2}{2}(e^{-i\delta} - 1)(e^{i\delta} - 1) = 2A^2\sin^2\left(\frac{\delta}{2}\right) \qquad (6\text{-}13)$$

由式(6-10)、式(6-13),光强透过率 T 可表示为

$$T = \frac{I_1}{I_i} = \sin^2\left(\frac{\delta}{2}\right) \qquad (6\text{-}14)$$

$$\delta = \frac{2\pi}{\lambda}(n_{x'} - n_{y'})l = \frac{2\pi}{\lambda}n_o^3\gamma_{22}V\frac{l}{d} \qquad (6\text{-}15)$$

式中: d 为晶体 x 轴方向的厚度。由此可见 δ 和 V 有关,当电压增大到某一值时, x' 轴、 y' 轴方向的偏振光经过晶体后产生 $\frac{\lambda}{2}$ 的光程差,位相差 $\delta = \pi$, $T = 100\%$,这一电压叫半波电压,通常用 V_π 或 $V_{\frac{\lambda}{2}}$ 表示。 V_π 是描述晶体电光效应的重要参数,在实验中,这个电压越小越好,如果 V_π 小,需要的调制信号电压也小,根据半波电压值,我们可以估计出电光效应控制透过强度所需电压。

由式(6-15)可得

$$V_\pi = \frac{\lambda}{2n_o^3\gamma_{22}}\left(\frac{d}{l}\right) \qquad (6\text{-}16)$$

由式(6-15)、式(6-16)可得

$$\delta = \pi \frac{V}{V_\pi} \qquad (6-17)$$

因此,将式(6-14)改写成

$$T = \sin^2 \frac{\pi}{2V_\pi} V = \sin^2 \frac{\pi}{2V_\pi} [V_0 + V_m \sin(\omega t)] \qquad (6-18)$$

式中:V_0 是直流偏压;$V_m \sin(\omega t)$ 是交流调制信号;V_m 是其振幅;ω 是调制频率。从式 (6-18)可以看出,改变 V_0 或 V_m 输出特性,透过率将相应发生变化。由于对单色光, $\frac{\pi n_0^3 \gamma_{22}}{\lambda}$ 为常数,因而 T 将仅随晶体上所加电压变化,如图6-4所示,T 与 V 的关系是非线性的,若工作点选择不适合,会使输出信号发生畸变。但在 $\frac{V_\pi}{2}$ 附近有一近似直线部分,这一直线部分称作线性工作区,由式(6-18)可以看出:当 $V = \frac{1}{2}V_\pi$ 时,$\delta = \frac{\pi}{2}$,$T=$ 50%。响应的非线性就会在调制时产生信号波形失真的问题,如果一个正弦驱动信号的静态工作点在 0 或 V_π 处,还会出现信号被倍频的现象。若要使透射强度不失真地反映外加电压的变化,电光调制的静态工作点应选在线性变化段的中点附近。一般有两种方式可达到这个要求:一种方法是在晶体上加 $\frac{V_\pi}{2}$ 的直流偏压,入射光波的两个偏振分量已有一固定的相位差 $\frac{\pi}{2}$,此时的透过率为 50%,当信号电压加入时,输出光强围绕工作点振动,这就保证了线性的输入输出关系;另一种方法则是利用一个 $\frac{\lambda}{4}$ 波片来产生初始相位差 $\frac{\pi}{2}$,以确定静态工作点。

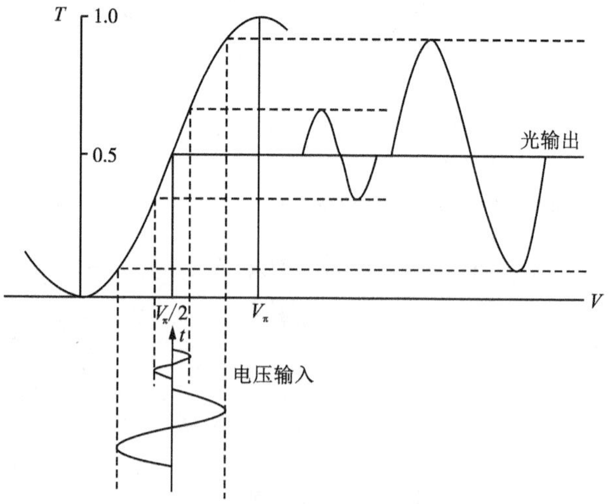

图6-4 T 与 V 的关系曲线图

三、实验内容和步骤

(1)使系统按激光器、起偏器、检偏器、光功率计的左右顺序在导轨上依次排列。

(2)打开激光功率指示计电源,调整系统光路,使光学元件尽量与激光束等高、同轴、垂直。

(3)先取下检偏器,缓慢旋转起偏器,观察起偏器输出光功率,使其达到最大值。将检偏器放回原位,缓慢旋转检偏器,用光功率计测量,使检偏器输出光功率达到最小值。这时起偏器与检偏器相互垂直,系统进入消光的状态。

(4)将 LN 晶体放置于起偏器与检偏器之间,调整其高度和方向尽量使 LN 晶体与光束同轴、等高,并固定滑块底座,调节 LN 晶体装置上的四颗螺钉,使 LN 晶体的 z 轴与激光束平行,x 轴与起偏器平行,y 轴与起偏器垂直。

(5)顺时针旋转电压调整旋钮,缓慢调节 LN 晶体的直流驱动电压,并记录下不同直流电压值对应的系统输出激光功率值,0~900 V 每变化20 V 记录一次系统输出光功率,将数据填入表6-1。

(6)根据记录的数据,求出系统消光比 $M=\dfrac{P_{\max}}{P_{\min}}$ 和半波电压 V_π(光功率最大值 $P_{\max}$ 对应电压 $V_{\max}$ 与光功率最小值 $P_{\min}$ 对应电压 $V_{\min}$ 之差即为半波电压,即 $V_\pi=V_{\max}-V_{\min}$),画出电压与输出功率的对应曲线(可在全部实验结束后进行)。

(7)将 LN 晶体驱动电源的电压调至最低(0 V),关闭高压驱动电源后面板的电源键。断开高压电源与 LN 晶体的连接线,将光电效应实验仪前面板上的"输出信号"与 LN 晶体连接;将光功率计前面板上的"输出"端与音频转换器的"1,4"插座相连,将音频转换器的示波器输出接口与示波器的 CH2 通道连接;将光电效应实验仪前面板上的"波形"与示波器 CH1 通道相连。将 $\dfrac{\lambda}{4}$ 波片放置于电光晶体与检偏器之间。调节电光效应实验仪,选择"正弦波",幅度调节适中。缓慢旋转调节 $\dfrac{\lambda}{4}$ 波片,观察铌酸锂晶体调制器上加载交变信号时,输出光被调制的情况。当调制后输出的光脉冲幅度最大且失真最小时,拍照记录示波器显示的驱动电信号波形和调制输出的光信号波形(示波器观察到的光信号波形幅度较小时,可以通过调节光功率计为更小量程,提高信号放大倍数)。

四、数据处理和结果分析

表6-1　功率与晶体驱动电压

晶体驱动电压/V	功率 P/W	晶体驱动电压/V	功率 P/W
0		460	
20		480	
40		500	

续表6-1

晶体驱动电压/V	功率 P/W	晶体驱动电压/V	功率 P/W
60		520	
80		540	
100		560	
120		580	
140		600	
160		620	
180		640	
200		660	
220		680	
240		700	
260		720	
280		740	
300		760	
320		780	
340		800	
360		820	
380		840	
400		860	
420		880	
440		900	

数据处理：

（1）利用表格数据作出 LN 晶体驱动电压与输出功率的对应曲线。

（2）计算系统的消光比和半波电压。

五、思考题

1. 在实际的电光调制器中，引入 $\frac{\lambda}{4}$ 波片的作用是什么？

2. 你测量出的晶体半波电压数量级是多少？在选择制作电光晶体调制器的晶体种类时，用半波电压数值大的晶体材料好还是用半波电压小的材料好？为什么？

注意事项

1. 本装置中使用的半导体激光器输出的光是部分偏振光，其大部分光的偏振方向在光斑的短轴方向(半导体激光器的输出光斑近似为椭圆)。为得到较高的光强,起偏器的偏振方向应平行于短轴方向,此时偏振方向为水平方向。

2. 本装置中的晶体由于通光方向长度较长,因此激光光束与晶体光轴的平行度对实验效果影响非常大,实验时应特别注意。同时,由于激光束不是严格意义上的平行光束,因此我们无法在零电压时得到一个均匀的暗场。

3. 光的偏振方向与电极化方向的夹角对本装置的实验现象影响也非常大,当偏振方向与极化方向平行或垂直时,光强随电压变化比较明显。在本装置中可使晶体通光面的边垂直于水平面,此时极化方向平行或垂直于水平面。

6.2　晶体的磁光效应

一、实验目的

1. 了解磁光效应现象和法拉第效应的作用机理。
2. 掌握偏振面旋转角度的测量方法。
3. 掌握法拉第效应中偏振面的旋转方向同光束传播方向和磁场方向之间的关系。

二、实验原理

1845 年,Michael Faraday 发现,将一块玻璃放入强磁场中,它将使穿过玻璃的线偏振光的偏振面发生旋转,如将其旋转的角度用 θ 表示,B 为磁感应强度,L 为材料长度,则有

$$\theta = VBL \tag{6-19}$$

式中:比例系数 V 为 Verdet 常数,由材料本身和光波长决定。

菲涅尔对旋光现象作出了简洁而直观的说明。根据菲涅尔的观点,可以把一束做简谐振动的线偏振光分解为两束与线偏光具有相同频率和初相位的左旋及右旋圆偏振光,这两束圆偏振光在垂直于传播方向的平面内做匀速圆周运动。但是这两束偏振光在晶体中可能具有不同的传播速度,这也表示电矢量在向左及向右方向上旋转的速度不同,因此合成的线偏振光的振动方向发生改变,偏振面旋转角正比于 B 和 L。

法拉第效应产生的旋光现象与其他旋光现象有所不同,如常见的石英旋光片,其旋光方向与光传播的方向有关,将一束线偏振光从材料左侧射到右侧再反射回来,则在二次传播中偏振面的旋转方向相反,互相抵消,总的情况是偏振面并没有旋转。法拉第效应产生的旋光,其旋转方向只与磁场方向有关,而与光传播的方向无关。在上面的例子中,如果旋光是由法拉第效应引起的,总的情况是旋转角增大 1 倍,而不是互相抵消。这是法拉第效应的一个重要特点,有着重要的应用价值。

三、实验仪器

主机箱"FLD-1法拉第效应驱动电源"的主要功能是磁致旋光材料工作电流的调节等。仪器面板说明如图6-5所示。

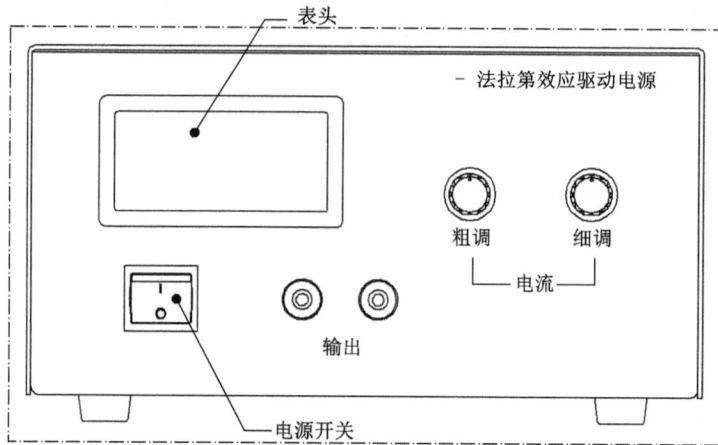

图6-5 仪器面板说明

（1）表头：3位半数字表头，用于指示磁致旋光材料工作电流的大小，该工作电流大小可通过粗调/细调旋钮调节。

（2）粗调/细调旋钮：粗调范围0~3 A，细调可精确到1%。

（3）电源开关：主机的电源开关（220 V AC）。

（4）输出插座：左边插座通过红色导线与法拉第线圈相连，右边插座通过黑色导线与法拉第线圈相连。

实验光路图如图6-6所示。

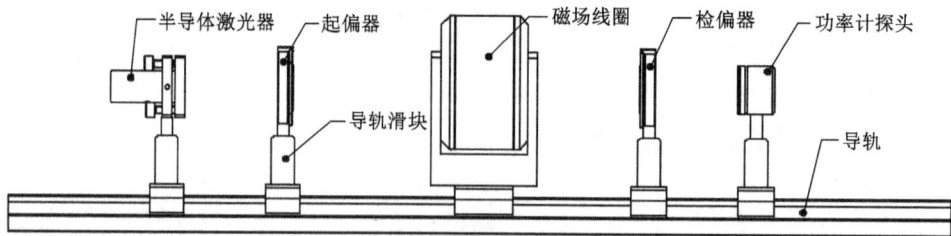

图6-6 实验光路图

四、实验内容和步骤

（1）接好各个设备之间的连线，打开激光器和功率计电源，调整光路，使光束可穿过电磁线圈中心的磁致旋光材料。取下检偏器，旋转起偏器，使功率计示数最大。

（2）放置检偏器，旋转检偏器，使功率计指示值最小，这时起偏器和检偏器透射方向相互垂直，处于消光状态，记录此时检偏器角度 θ_0。

（3）打开线圈驱动电源，将驱动电源电流调到 1 A，此时功率指示值将发生变化。重新旋转检偏器，使功率指示值尽可能得小，系统重新进入消光状态，记下此时检偏器的角度 θ_1。

（4）将驱动电源电流调到 2.5 A，此时功率指示值将发生变化。重新旋转检偏器，使功率指示值尽可能得小，系统重新进入消光状态，记下此时检偏器的角度 θ_2。数据记录在表 6-2 中。

（5）根据电流与电磁线圈中磁场的关系和以上实验数据，确定 θ 与 B 的大致关系。

（6）驱动电流降至 0 A 后关闭电源。交换驱动电源的电流输出导线（红黑导线交叉相连），改变电磁线圈中的电流方向，重新开启电源，改变电流大小，重复上述步骤。观察旋光方向，掌握其中的规律。

（7）驱动电流降至 0 A 后关闭电源。交换驱动电源的电流输出导线（恢复导线红连红、黑连黑），将激光器放到导轨另一端，使光束从电磁线圈的另一端穿过磁致旋光材料，重复步骤（1）~步骤（4）。数据记录在表 6-3 中。

五、数据处理和结果分析

表 6-2　激光器放置于导轨左端

激光器放置在导轨左端	导线红连红、黑连黑			导线红黑交叉相连		
励磁电流/A	0	1.0	2.5	0	1.0	2.5
检偏器角度	θ_0	θ_1	θ_2	θ_0	θ_1	θ_2
偏振面旋转角度（$\theta_2-\theta_0$）						
判断偏振面旋转方向（黑板方向或墙壁方向）						
结论（偏振面旋转方向同磁场方向之间的关系）						

表 6-3　激光器放置于导轨右端

激光器放置在导轨右端	导线红连红、黑连黑		
励磁电流/A	0	1.0	2.5
检偏器角度	θ_0	θ_1	θ_2
偏振面旋转角度（$\theta_2-\theta_0$）			
判断偏振面旋转方向（黑板方向或墙壁方向）			
结论（和表 6-2 左列数据作比较，判断偏振面旋转方向同光束传播方向之间的关系）			

学科前沿研究和应用案例——通信光信号调制技术领域

在通信中，对信号的调制是一个很重要的方面，光纤通信系统中的调制主要解决的是如何将电信号加载到光载波上的问题。根据调制器是否独立于光源，可将光调制分为直接调制和间接调制两类。直接调制是一种简单且低成本的调制方法，但是随着调制信号速率的提高，调制过程中会产生啁啾现象，调制啁啾会加剧光纤传输中的色散影响。间接调制又称为外调制，调制器独立于光源，这类调制器主要是利用晶体的电光效应来实现对信号的调制，其中最常见的是利用铌酸锂晶体的电光效应来实现对光信号的调制。外调制的方式不会产生啁啾，适合高速率、高带宽的通信系统。

LN 调制器的研究重点集中在以下四个方面：①提高调制速率；②降低半波电压；③减小器件尺寸；④提升器件的可靠性和稳定性。为达到以上目标，具体研究围绕以下关键技术展开：①波导的结构和制作工艺；②电极的设计与制作工艺；③耦合封装的方式；④提高器件耦合封装效率及器件的可靠性。

1994 年，日本 NTT 光电子学实验室开发出了电信号为 3 dB、带宽为 75 GHz、半波电压为 5 V 的 LN 电光强度调制器。

从 1995 年起，日本 NTT 光电子学实验室在对 LN 脊形光波导的电光调制器进行了大量研究的基础上，分别研制出了两种钛扩散工艺制作的 LN 电光调制器：低电压型和宽带宽型。其中，低电压型 LN 电光调制器性能参数为电信号 3 dB、带宽 30 GHz、半波电压 3.5 V；宽带宽型调制器的性能参数为电信号 3 dB、带宽 70 GHz、半波电压 5.1 V。

1997 年，以色列共用微波公司采用填充浮置电极和加厚低介电常数缓冲层的方法，进一步匹配电光速度，研制出了马赫-曾德尔干涉型高速 LN 调制器，电信号为 3 dB、带宽为 40 GHz。

1998 年，香港大学 K. W. Hui 等人在 Z 切 LN 晶体上制作了行波共面波导电极结构的 LN 电光调制器，其性能参数分别为：电信号 3 dB、带宽 15 GHz、半波电压 14 V 和电信号 3 dB、带宽 3.6 GHz、半波电压 4 V。

1999 年，K. W. Hui 等人研制出了 LN 宽带脊形光波导电光调制器，在此基础上，进一步与非脊形光波导的 LN 电光调制器性能进行对比，证明了脊形光波导性能比较优越。

2002 年，J. Kondo 等人制作出了一种在 LN 衬底开槽结构的 LN 电光调制器，其性能参数为电信号 3 dB、带宽 73 GHz、半波电压小于 2.8 V。

目前，ECOSPACE 公司已研制出采用 DP-QPSK 调制格式、传输速率达到 100 Gb/s 的商业化产品。

国内的中国电子科技集团公司第四十四研究所、北京世维通光通讯技术有限公司、电子科技大学、清华大学、上海交通大学等单位对 LN 调制器进行了研究。1996 年，清华大学研制出了 LN 高速电光调制器，其性能参数为电信号 3 dB、带宽 15 GHz、半波电压 5.6 V。1996 年，中国电子科技集团第四十四研究所研制出了电信号 3 dB、带宽 6 GHz、半波电压 4.5 V 的 LN 电光调制器。2010 年，北京理工大学与北京世维通光通讯技术有限公司在低半波电压高速 LN 光波导相位调制器方面的研究取得了成果，所研制器件的性能参数为：电信号 3 dB、带宽大于 17 GHz、半波电压 2.8 V。

参考文献

［1］李兴鹏. 铌酸锂低半波电压调制器研究［D］.成都：电子科技大学，2015.

［2］胡文良，尚成林，潘安，等.高速薄膜铌酸锂相位调制器设计及制备［J］.光学与光电技术，2024，22（3）：97-101.

［3］姚昊，王梦柯，邓佳瑶，等.薄膜铌酸锂光波导器件的研究进展［J］.激光与光电子学进展，2024，61（11）：1116017.

［4］程亚.薄膜铌酸锂光电器件与超大规模光子集成［J］.中国激光，2024，51（1）：2-18.

［5］Wang C，Zhang M，Stern B，et al. Nanophotonic lithium niobate electro-optic modulators［J］. Optics Express，2018，26（2）：1547-1555.

［6］Wang C，Zhang M，Chen X，et al. Integrated lithium niobate electro-optic modulators operating at CMOScompatible voltages［J］. Nature，2018，562（7725）：101-104.

［7］He M B，Xu M Y，Ren Y X，et al. High-performance hybrid silicon and lithium niobate Mach-Zehnder modulators for 100 Gbit/s and beyond［J］. Nature Photonics，2019，13：359-364.

［8］Xu M Y，He M B，Zhang H G，et al. High-performance coherent optical modulators based on thin-film lithium niobate platform［J］. Nature Communications，2020，11：3911.

拓展阅读

洛伦兹与经典电子理论

19 世纪以前，人们一直认为电、磁、光是毫不相关的自然现象。步入 19 世纪，科学家法拉第、麦克斯韦把电、磁、光现象放在一起解释；赫兹则用实验证明了电磁波的存在，电、磁与光效应从此结合起来。发现阴极射线后，西方物理学家全力研究它的本质。到 19 世纪 70 年代，对阴极射线的本质认识，存在两种截然不同的看法：英国科学家克鲁克斯等认为它是带负电的粒子流，而德国物理学家赫兹等认为它不过是电磁波产生的辐射物。

荷兰物理学家亨得里克·安顿·洛伦兹也加入了这场讨论。经过深入研究，他得出如下结论：阴极射线是由比原子更小的微粒振动产生的，这种微粒存在于任何物体的原子之中，而发光现象即与这种微粒振动相关，这种微粒振动后会产生电场和磁场，只要改变电场或磁场的方向，光线就会发生偏移。可是，这些先进的理论在当时完全站不住脚。一，著名科学家法拉第生前研究过磁场对光源的影响，但研究以失败告终，后来几乎无人再研究；二，西方科学界一直认为，物体是由原子构成的，原子就像一个小得不能再小的玻璃实心球，无法打开。

洛伦兹偏不信邪。他决心用自己的强项——理论研究，来证明原子是可分的。他于 1870 年进入莱顿大学，受天文学教授弗雷德里克·凯瑟影响，对理论物理学产生了浓厚的兴趣。1878 年 1 月 25 日，他就任莱顿大学理论物理学教授。此后近 20 年时间，他的理论研究包括阴极射线的本质，解释电、磁、光的关系等，紧跟时代潮流。经过理论研究，洛伦兹发现物体的原子里有带负电的微粒，这些微粒围绕原子核运动产生电场。根据法拉第的实验推断，运动的微粒也会产生磁场。原子核自转产生电场和磁场，与负电微粒相互制衡，形成了原子磁场。

"当光源经过原子磁场时，它原子里的微粒振动将发生改变，光源的谱线一定会加宽或分裂。"洛伦兹经过反复推理，得出这样的结论。物理学的发展，离不开理论与实践的结合。尽管洛伦兹从"虚"的理论方面证实原子里有带负电的微粒，那么怎么才能从"实"的实验方面来证明理论呢？正当他为此苦恼不堪时，他的学生——彼得·塞曼出现了。塞曼也是荷兰人。1865 年 5 月 24 日深夜，荷兰泽兰小岛上的拦海大坝决堤。一条无舵无桨的小木船上，一位中年产妇在撞击中，痛苦地生下了塞曼。塞曼小学时成绩平平，中学毕业考试时物理成绩居然没有及格。母亲用塞曼出生的故事对其进行感化，于是他刻苦攻读，进入代尔夫特中学。在这里，塞曼遇到了比他大 12 岁的海克·卡末林·昂内斯。聪明好学的昂内斯，给塞曼留下了极深的印象。塞曼通过不懈努力终于考上了莱顿大学。他于 1890 年大学毕业后留校，并有幸成为物理学教授洛伦兹的学生兼助手。作为洛伦兹的助手，塞曼最高兴的事莫过于可以继续研究磁光克尔效应。磁光克尔效应是指光线射入磁体会发生偏转的现象，因 1877 年由英国科学家约翰·克尔发现而得名。研究磁光克尔效应 3 年后，塞曼完成了关于磁光克尔效应的博士论文。后来，他受聘为莱顿大学的讲师，暂时离开了洛伦兹的实验室。

1896 年，塞曼被开除了，起因是他不听莱顿大学实验室主管的安排，悄悄进行光谱线磁场分裂的实验。他把光源放在很强的磁场里，结果发光体的光谱发生了变化，谱线一分为三。塞曼平静地把实验过程和结果写成论文提交给荷兰皇家艺术与科学院，然后离开了莱顿大学。当年 10 月 31 日，洛伦兹在皇家艺术与科学院开会时偶然发现了塞曼关于光谱研究的论文，大为震惊。两天后的星期一早上，他把塞曼请到了办公室。塞曼详细叙述了光谱实验的过程，洛伦兹仔细聆听后表示，磁场中光谱发生变化的根本原因是原子中带负电的微粒振动。由于洛伦兹的极力推荐，塞曼的实验引起了西方科学界的重视。

他的实验首先证明了原子内部具有细致的结构，并非"不可再分"，这是对洛伦兹关于"原子里有带电微粒"的最好支持。其次，实验证实了洛伦兹关于"磁场中发出的光会发生偏振"的理论。这也意味着电、磁、光可以相互影响。后来，科学家把磁场分裂光谱的现象称为塞曼效应。作为著名的磁光效应，塞曼效应使世人对物质的原子、光谱等有了更多了解，被誉为继 X 射线之后物理学的重要发现之一。为了表达对塞曼的纪念，科学界把月球背面的一座环形山命名为"塞曼"。

塞曼效应可用于测量星球的磁场，海尔等美国天文学家在威尔逊山天文台用塞曼效应首次测量到了太阳黑子的磁场。物理学家汤姆逊则用塞曼效应来测量谱线分裂的频率间隔，把原子中带负电的微粒称为电子，并用数据证实了电子的存在。汤姆逊因此获得了1906 年诺贝尔物理学奖。

1902 年 12 月 10 日 16:30，瑞典斯德哥尔摩皇家音乐学院大礼堂里座无虚席，第二届诺贝尔奖颁奖典礼在此举行。在严肃的乐曲声中，各国获奖者分别领取了奖牌、证书和奖金。轮到塞曼上台时，只见他胸前没有戴花，而是挂着一个五六寸大的金制相框，相片上是他去世的母亲。他每次领奖都会挂着这个相框，以示对母亲的怀念。这成了诺贝尔奖史上的一段佳话。

从诺贝尔物理学奖颁奖典礼回来的洛伦兹，也因此受到世人的尊敬和爱戴。由于他提出原子中存在电子的理论，所以被尊称为经典电子论的创立者。后来，他的名字在物理学上被用作学术名词，比如洛伦兹公式、洛伦兹力、洛伦兹分布、洛伦兹变换等。爱因斯坦在科学研究中，把洛伦兹变换用于力学关系式，才有了著名的狭义相对论。1928 年 2 月 4 日，洛伦兹在荷兰的哈勒姆市逝世，葬礼当天，荷兰全国电话中止 3 分钟，以示哀悼。公认的新一代物理学领袖、著名科学家爱因斯坦发来悼词，称洛伦兹是"我们时代最伟大、最高尚的人"。后来，为纪念洛伦兹的巨大贡献，荷兰政府从 1945 年起把他的生日（7 月 18 日）定为一年一度的"洛伦兹节"。洛伦兹从理论上创立经典电子论，塞曼则用实验证明了电子的存在，师生两人共同分享了 1902 年诺贝尔物理学奖。

（参考北京科学传播融媒体平台蝌蚪五线谱 2021 年《一个很坚持，一个很大胆，师生一起'切分'原子》）

实验七

掺铒光纤放大器实验

一、实验目的

1. 了解掺铒光纤放大器的工作原理及相关特性。
2. 掌握掺铒光纤放大器性能参数的测量方法。

二、实验原理

掺铒光纤放大器(erbium-doped fiber amplifier, EDFA)的出现是光纤通信发展史上一个重要里程碑。1986 年,英国南安普顿大学制作出了最初的掺铒光纤放大器。在此之前,由于不能直接放大光信号,所有的光纤通信系统都只能采用光-电-光中继方式。光纤放大器可直接放大光信号,这就可使光-电-光中继变为全光中继。这是一次极为重要的飞跃,把光通信推向了一个新的阶段,其意义可与当年用晶体管代替电子管的意义相提并论。当作为掺铒光纤放大器泵浦源的 0.98 μm 和 1.48 μm 的大功率半导体激光器研制成功后,掺铒光纤放大器趋于成熟,进入了实用化阶段。掺铒光纤放大器的意义不仅在于可进行全光中继,它还在多方面推动了光纤通信的发展,引起了光纤通信的革命性变革。其中最突出的是在波分复用(WDM)光纤通信系统中的应用。波分复用是一种在一根光纤上传输多个光信道,从而充分利用光纤带宽、有效扩展通信容量的光纤通信技术。由于掺铒光纤放大器具有约 40 nm 的极宽带宽,可覆盖整个波分复用信号的频带,因而用一个掺铒光纤放大器就可取代与信道数相应的光-电-光中继器,实现全光中继。这极大地降低了设备成本,提高了传输质量。这一优越性推动了波分复用技术的发展。现在 EDFA+WDM 已成为高速光纤通信网发展的主流,代表新一代的光纤通信技术。

掺铒光纤放大器采用掺铒光纤(erbium-droped fiber, EDF)作为增益介质,在泵浦光激发下产生粒子数反转,在信号光诱导下实现受激辐射放大,其结构如图 7-1 所示。泵浦光由半导体激光器(LD)提供,与被放大信号光一起通过光耦合器或波分复用耦合器注入掺铒光纤(EDF)。光隔离器用于隔离反馈光信号,提高稳定性。光滤波器用于滤除放大过程中产生的噪声。为了提高 EDFA 的输出功率,泵浦激光亦可从 EDF 的末端(放大器输出端)注入,或输入、输出端同时注入,分别如图 7-1(a) ~ 图 7-1(c)所示。这三种结构的

EDFA 分别称作前向泵浦、后向泵浦和双向泵浦掺铒光纤放大器。

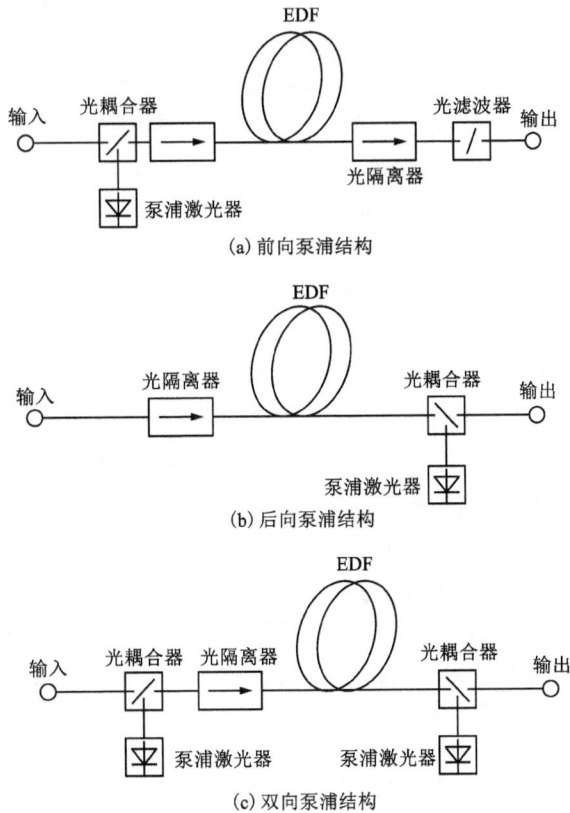

图 7-1　掺铒光纤放大器的基本结构

　　图 7-2 为 EDFA 的工作原理。铒是一种稀土元素(属于镧系元素)，EDFA 利用了镧系元素的 4f 能级。在掺铒光纤中，由于石英基质的作用，4f 的每一个能级分裂成一个能带。图 7-2 中，$^4I_{15/2}$ 能带称为基态；$^4I_{13/2}$ 能带称为亚稳态，在亚稳态上粒子的平均寿命达到 10 ms；$^4I_{11/2}$ 能带称为泵浦态，粒子在泵浦态上的平均寿命为 1 μs。除图 7-2 中标注的吸收带，铒离子(Er^{3+})还有 800 nm 等其他吸收带。由于 980 nm 和 1480 nm 大功率半导体激光器已完全商用

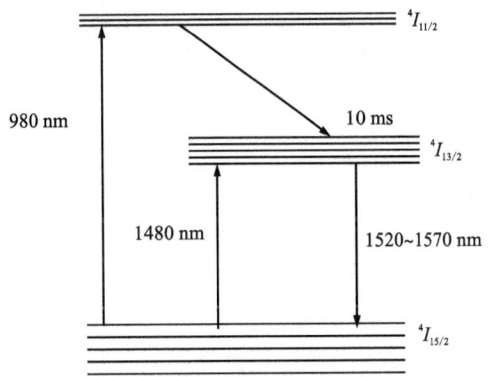

图 7-2　EDFA 的工作原理

化，并且泵浦效率高于其他波长，故得到最广泛的应用。用 1480 nm 泵浦源可以获得较大的输出功率；采用 980 nm 泵浦源时虽然泵浦效率较低，但引入的噪声小，可以得到较好的噪声系数。

　　先从概念上说明 EDFA 的基本工作原理。Er^{3+} 吸收泵浦光的能量，由基态$^4I_{15/2}$ 跃迁到处于高能级的泵浦态。对于不同的泵浦波长，Er^{3+} 跃迁到不同的能级，如图 7-2 所示，当

用 980 nm 波长的光泵浦时，Er^{3+} 由基态跃迁至泵浦态$^4I_{11/2}$，由于在泵浦态上，载流子的寿命只有 1 μs，粒子以非辐射方式由泵浦态迅速跃迁至亚稳态。在亚稳态上，载流子有较长的寿命，在源源不断的泵浦下，亚稳态上的粒子数积累，从而实现了亚稳态和基态间的粒子数反转分布。当有 1.55 μm 信号光通过已被激活的掺铒光纤时，在信号光的感应下，亚稳态上的粒子以受激辐射的方式跃迁到基态。每一次跃迁都会产生一个与感应光子完全一样的光子，从而实现了信号光在掺铒光纤传播过程中的不断放大。在放大过程中，亚稳态粒子也会以自发辐射的方式跃迁到基态，自发辐射产生的光子也会被放大，这种放大的自发辐射(amplified spontaneous emission, ASE)会消耗泵浦功率并引入噪声。当用 1480 nm 波长的光泵浦时，Er^{3+} 从基态跃迁至亚稳态能带的上部，然后粒子以非辐射方式迅速在亚稳态上重新分布，实现粒子数反转分布。

　　EDFA 的增益与泵浦强度及光纤长度有关。图 7-3 给出了掺铒光纤放大器小信号增益 G 与泵浦功率 P_b 及光纤长度 L 的关系曲线。它的泵浦光波长为 1.48 μm，信号光波长为 1.55 μm，采用了典型的光纤参数。图 7-3(a) 以泵浦光功率作参变量，给出了增益 G(dB) 与光纤长度 L 之间的关系曲线。在 L 较短处，增益增加很快，当 L 超过某值时，增长变慢。在某一长度处，信号不再被放大，超过此长度后，信号反而因衰减而减小。因而就放大器的总增益而言，存在一最佳的光纤长度，而这一最佳光纤长度又与泵浦功率 P_b 有关。图 7-3(b) 以光纤长度 L 作参变量，给出了增益 G 与泵浦功率 P_b 之间的关系，可见增益与光纤长度和泵浦功率有关。因此在给定掺铒光纤的情况下，应选合适的泵浦功率与光纤长度，进行优化设计。

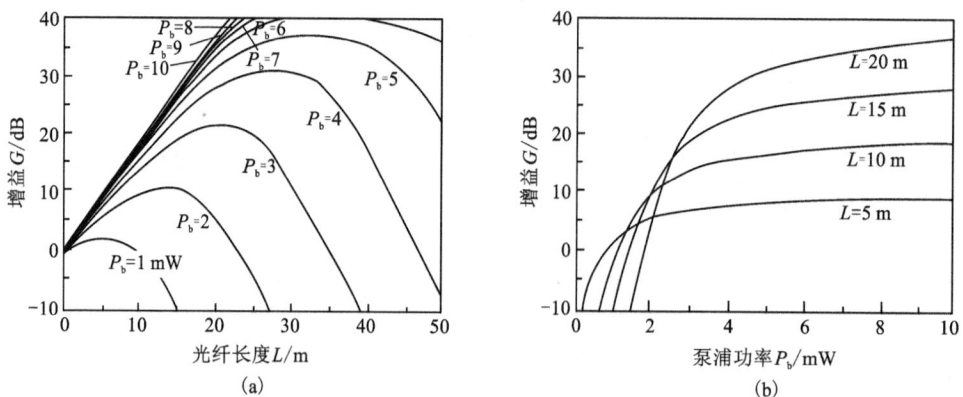

图 7-3　EDFA 放大特性

　　实际的 EDFA 的增益随频率变化的关系还与基质光纤及其掺杂有关。图 7-4 给出了具有不同组分掺铒光纤的增益谱。增益谱的尖锐程度及带宽对光纤芯层的掺杂情况十分敏感。纯硅的增益谱很窄，在 1.53 μm 处，3 dB 带宽为 10 nm。合适的掺杂可将增益谱展宽，由图 7-4 可知，掺入 Al、P 展宽了频带。人们在研究通过掺杂以展宽增益带宽方面做了大量工作，现 EDFA 的增益谱宽已达上百纳米，而且增益谱较平坦。即使掺铒光纤放大器芯层的组分相同，不同放大器的增益谱也会有所差别，这是因为增益谱还与光纤长度有关。由于泵浦功率沿光纤变化，所以各处的增益系数是不同的，而增益须在整个光纤上积分得到。根据这一特性，可通过选择光纤长度得到较为平坦的增益谱。

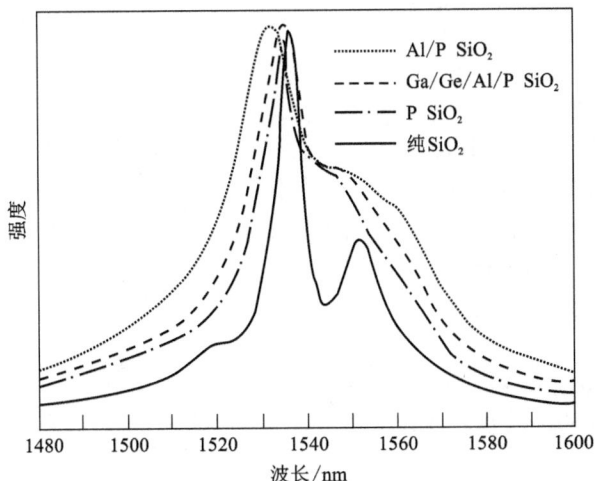

图 7-4　EDFA 增益谱

　　光信号的放大输出波形与光信号脉冲的比特率基本无关，但是与工作区有关，或者说与脉宽和增益有关。通常在小信号线性放大工作区，放大过程中基本不产生波形失真，但是在大信号饱和放大工作区运用时，由于增益饱和或增益压缩的影响，输出波形将失真，这种现象称为增益图形效应或简称图形效应。放大输出信号波形的失真程度决定于光脉冲宽度和增益恢复时间。如图 7-5 所示，当脉宽远大于增益恢复时间时，增益在很短的时间内就能恢复，波形失真很小，这种失真对数字脉冲传输不产生重要影响，因而不存在图形效应。当脉宽与增益恢复时间可比时，波形失真和图形效应将变得严重。当增益恢复时间远大于脉宽时，在某特定时刻的增益由该时刻之前的信号波形决定，增益恢复时间 $\tau_g \approx 10$ ms，对于脉宽 τ_s 为几皮秒至几百皮秒的超短光脉冲，均满足 $\tau_s \ll \tau_g$，因而均不产生波形失真和图形效应。

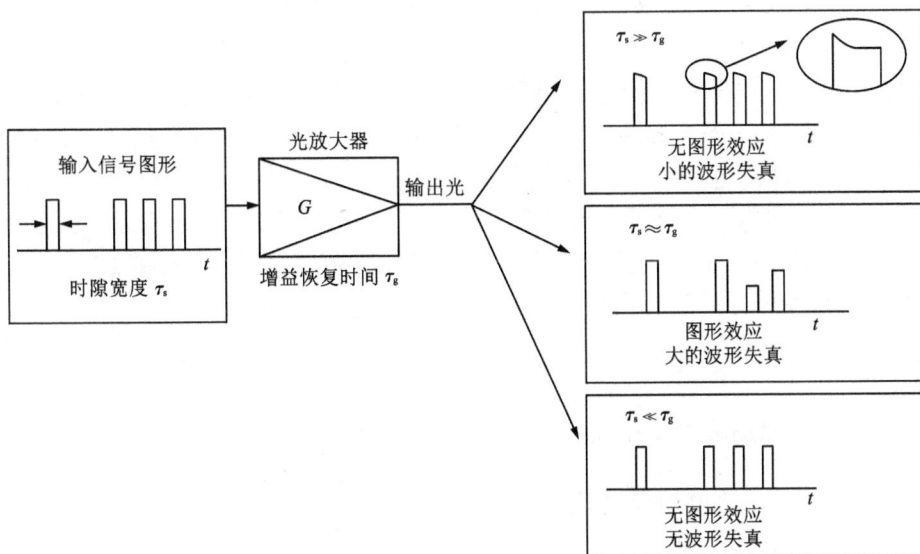

图 7-5　EDFA 的响应特性

三、实验仪器

图 7-6 中"1550 nm FP-LD"为法布里-珀罗腔结构的半导体激光器,由于 EDFA 主要工作范围为 1530~1560 nm,所以本实验采用 1550 nm FP-LD 激光器作为信号光源。"1480 nm DFB-LD"为分布式反馈结构的半导体激光器,发射波长为 1480 nm 的激光,作为 EDFA 的泵浦光源。"WDM"为波分复用/解复用器,可完成 1480 nm 激光和 1550 nm 激光束的分路与合路功能。

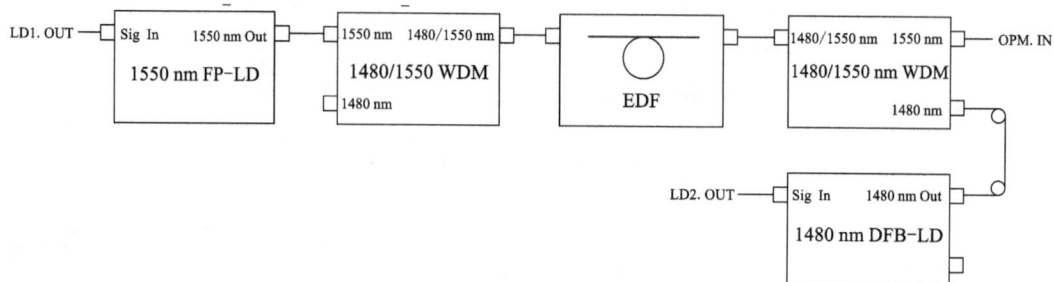

图 7-6 掺铒光纤放大器实验装置示意图

四、实验内容和步骤

(一)1550 nm FP-LD 半导体激光器阈值电流测量

(1)打开实验仪主机背板上的电源开关。按下主机液晶屏下方 LD1 处按键。

(2)按下主机液晶屏右侧 LD1 工作模式(MOD)模块对应的手指键,此时 MOD 模块背景变为绿色,表示该模块可调。按动该手指键将 LD1 工作模式(MOD)设置为恒流模式(ACC)。

(3)将 1550 nm 激光器输出直接连接至光功率计(将功率计的测量波长调至 1550 nm)。

(4)按下主机液晶屏右方 Ic(mA)模块对应的手指键,此时 Ic(mA)模块背景变为绿色,表示该模块可调。按下 Enter 键,此时可看到该模块电流值数字下方有"_"闪烁,再按下"←"键或"→"键将"_"闪烁位置调节至个位数位置。

注意:下面的步骤中每次需要调节激光器驱动电流时,都需按此方法进行,不再赘述。

(5)缓慢旋转主机面板上的圆形旋钮,在 0~46 mA 范围内调节 LD1 即 1550 nm 激光器的驱动电流,每隔 2 mA 记录光功率计示数 P_{in},将数据填入表 7-1 中。

(6)反方向缓慢旋转主机面板上的圆形旋钮,调节 LD1 即 1550 nm 激光器的驱动电流至 0 mA。

注意:LD1 的驱动电流调节幅度不允许超过 46 mA。

(二)掺铒光纤放大器增益特性曲线测量

(1)泵浦光功率固定,改变信号光功率。

①将 1550 nm 激光器输出端从功率计上取下后插入实验台左侧 WDM-1550-Port 端

口，实验台右侧 WDM-1550-Port 端口（放大器输出端口，贴标签处）插入光功率计 OPM，恢复为图 7-6 所示连接状态。

②按下主机液晶屏下方 LD2 处按键，再按下主机液晶屏右侧 LD2 工作模式（MOD）模块对应的手指键，此时 MOD 模块背景变为绿色。按动手指键设置 LD2 工作模式（MOD）为恒流模式（ACC）。

③按下主机液晶屏右方 Ic(mA) 模块对应的手指键，再按动 Enter 键，将光标闪烁位置调节至个位数位置。缓慢旋转主机面板上的圆形旋钮调节 LD2 即 1480 nm 激光器的驱动电流，将其设置为 160 mA。

④按下主机液晶屏下方 LD1 处按键，旋转主机面板圆形旋钮，从 0 mA 至 46 mA 缓慢增加 LD1 即 1550 nm 激光器的驱动电流，记录光功率计输出的即放大之后的信号光功率 P_{out1} 数据并填入表 7-1。

注意：LD1 的驱动电流调节幅度不允许超过 46 mA。

⑤按下主机液晶屏下方 LD2 处按键，缓慢旋转主机面板上的圆形旋钮，调节 LD2 即 1480 nm 激光器的驱动电流，将其设置为 300 mA。

⑥按下主机液晶屏下方 LD1 处按键，旋转主机面板圆形旋钮，从 46 mA 至 0 mA 缓慢降低 LD1 即 1550 nm 激光器的驱动电流，记录光功率计输出的即放大之后的信号光功率 P_{out2} 数据并填入表 7-1。

⑦按下主机液晶屏下方 LD2 处按键，反方向缓慢旋转主机面板上的圆形旋钮，调节 LD2 即 1480 nm 激光器的驱动电流至 0 mA。

$$G_1(\text{dB}) = 10 \lg 10 \frac{P_{out1}(\text{mW})}{P_{in}(\text{mW})} \tag{7-1}$$

$$G_2(\text{dB}) = 10 \lg 10 \frac{P_{out2}(\text{mW})}{P_{in}(\text{mW})} \tag{7-2}$$

表 7-1　泵浦光功率固定、改变信号光功率时放大器输出信号光功率数值及增益

1550 nm FP-LD 驱动电流/mA	输入信号光功率 P_{in}/mW	泵浦光 Ic 为 160 mA 时 P_{out1}/mW	泵浦光 Ic 为 300 mA 时 P_{out2}/mW	G_1/dB	G_2/dB
0					
2					
4					
6					
8					
⋮					
40					
42					
44					
46					

（2）信号光功率固定，改变泵浦光功率。

①按下主机液晶屏下方 LD1 处按键，设置 LD1 的驱动电流数值为 20 mA，从表 7-1 可查知此时对应的输入 1550 nm 的信号光功率为 P_{in1}。

②按下主机液晶屏下方 LD2 处按键，旋转主机面板圆形旋钮，从 0 mA 至 360 mA 缓慢增加 LD2 即 1480 nm 泵浦激光器的驱动电流，在调节驱动电流的同时监测主机液晶面板右侧显示出的 1480 nm 泵浦光的输出功率。当泵浦光功率从 2 mW 至 70 mW 缓慢增加时，每隔 2 mW 记录一次光功率计输出的即放大之后的信号光功率 P_{out1} 数据并填入表 7-2。

注意：LD2 的驱动电流调节幅度不允许超过 360 mA。

③按下主机液晶屏下方 LD1 处按键，设置 LD1 的驱动电流数值为 40 mA，从表 7-1 可查知此时对应的输入 1550 nm 的信号光功率为 P_{in2}。

④按下主机液晶屏下方 LD2 处按键，旋转主机旋钮从 360 mA 至 0 mA 缓慢降低 LD2 即 1480 nm 泵浦激光器的驱动电流，在调节驱动电流的同时监测主机液晶面板右侧显示出的 1480 nm 泵浦光的输出功率。当泵浦光功率从 70 mW 至 2 mW 缓慢降低时，每隔 2 mW 记录一次光功率计输出的即放大之后的信号光功率 P_{out2} 数据并填入表 7-2。

⑤旋转主机面板圆形旋钮分别将 LD1、LD2 的驱动电流缓慢降至 0 mA，关闭主机电源。

注意：表中 P_p 为 1480 nm 激光器的输出光功率，即泵浦光功率。

P_{out1} 为注入信号光功率（即 1550 nm 激光器）为 P_{in1} 时对应的光放大器输出的即放大之后的信号光功率。

P_{out2} 为注入信号光功率（即 1550 nm 激光器）为 P_{in2} 时对应的光放大器输出的即放大之后的信号光功率。

$$G_1(\text{dB}) = 10 \lg 10 \frac{P_{out1}(\text{mW})}{P_{in1}(\text{mW})} \tag{7-3}$$

$$G_2(\text{dB}) = 10 \lg 10 \frac{P_{out2}(\text{mW})}{P_{in2}(\text{mW})} \tag{7-4}$$

表 7-2　信号光功率固定、改变泵浦光功率时放大器输出信号光功率数值及增益

P_p/mW	P_{out1}/mW	P_{out2}/mW	G_1/dB	G_2/dB
2				
4				
6				
8				
⋮				
64				
66				
68				
70				

五、数据处理和结果分析

（1）利用表 7-1 中的数据，以驱动电流 I 为横坐标、P_{in} 为纵坐标作出 1550 nm FP-LD 半导体激光器驱动电流与输入信号光功率曲线图。

（2）利用两条直线拟合法求 1550 nm FP-LD 半导体激光器阈值电流 I_{th}。如图 7-7 所示，将阈值前与后的两条直线分别延长并相交，其交点所对应的电流即为阈值电流 I_{th}。

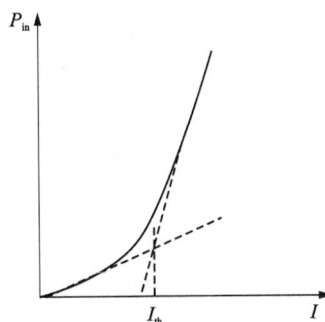

图 7-7　两条直线拟合测量 LD 阈值电流

（3）利用表 7-1 数据，以输入信号光功率 P_{in} 为横坐标，以 G_1、G_2 为纵坐标作出"增益与输入信号光功率关系曲线图"，观察放大器增益与输入信号光功率之间的关系并得出结论。

（4）利用表 7-2 中的数据：

① 以泵浦光功率为横坐标、以放大器输出信号光功率（即 P_{out1}、P_{out2}）为纵坐标作出"泵浦光功率与放大器输出信号光功率曲线图"，观察放大器输出信号光功率与泵浦光功率之间的关系并得出结论。

② 以泵浦光功率为横坐标、以放大器增益（即 G_1、G_2）为纵坐标作出"泵浦光功率与放大器增益曲线图"，观察放大器增益与泵浦光功率之间的关系并得出结论。

六、思考题

1. 当泵浦光驱动电流数值较小时，为何输出信号光功率没有被放大？
2. 对于 980 nm 泵浦和 1480 nm 泵浦的 EDFA，哪一种泵浦方式的功率转换效率高？
3. EDFA 的自发辐射噪声对放大器性能有哪些影响？

注意事项

1. 系统上电后禁止将光纤连接器对准人眼，以免灼伤。
2. 光纤连接器陶瓷插芯表面光洁度要求极高，只能用专用清洁布擦拭，禁止用手触摸或接触硬物。空置的光纤连接器端子必须套上护套。
3. 所有光纤均不可过于弯曲，除特殊测试外，其曲率半径均应大于 30 mm。

学科前沿研究和应用案例——光纤放大器领域

　　光放大器具有高增益和高功率放大能力，在各种不同的光波系统中均可得到应用。图 7-8 展示了它的四种基本应用。图 7-8(a) 是将光放大器作为在线放大器代替光电光混合中继器，当光纤色散和放大器自发辐射噪声累积尚未使系统性能恶化到不能工作时，这种替代是完全可行的，其对多信道光波系统更具有诱惑力，可以节约大量的设备投资。图 7-8(b) 是将光放大器接在光发送机后以提高光发送机的发送功率，增大传输距离，这种放大器称为功率放大器。图 7-8(c) 是将光放大器接在光接收机之前，以提高接收功率和信噪比，增大通信距离，这种放大器称为前置放大器。图 7-8(d) 是将放大器用于补偿局域网中的分配损耗，以增大网络节点数。还可以将光放大器用于光子交换系统等多种场合，这种放大器亦称功率放大器。

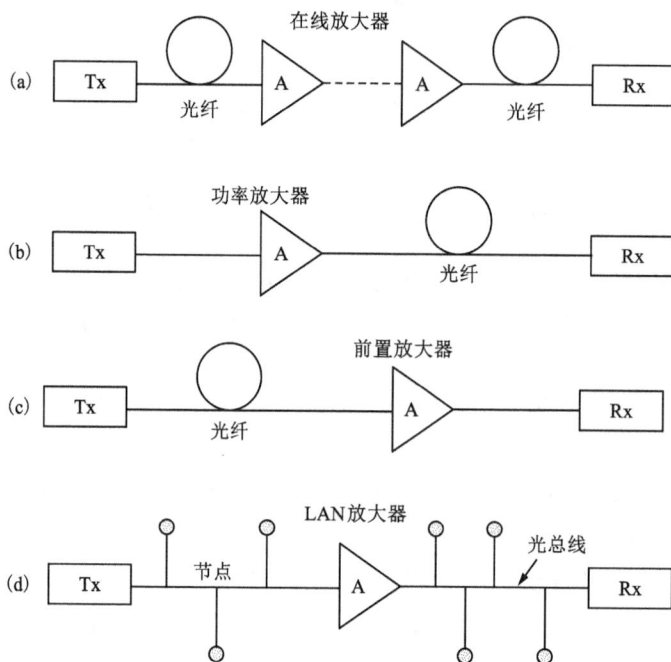

图 7-8　光放大器在光波系统中的应用

　　掺杂光纤放大器的研究始于 1962 年，但由于技术水平的限制，这一问题始终没有得到实质性的解决。1985 年，随着 Mearas 等人的掺铒光纤放大技术的问世，掺铒光纤放大技术开始快速发展，成为一个新的研究热点。

　　2012 年，英国南安普顿大学的 Kang Q 等人对阶跃折射率多模掺铒光纤放大器的特性进行了理论论证，并对其单模增益 20 dB 和模间增益差异 2 dB 进行了模拟。

　　2013 年，Mahad 等人对增益平坦化进行了研究，在 1546～1558 nm 获得了 (24±0.29) dB 的增益平坦度。

　　2014 年，巴西圣保罗大学的 Adolfo H 等人选用了 180 mW 的 LP11 泵浦光为泵浦源，研制出了一种新型的双环形掺 Er^{3+} 光纤放大器，在 4 个信号模式下，获得了 21.3 dB 的平均增益和 0.6 dB 的模间增益差值。

2015 年，Le 等人提出了一种基于递减优化法的新型光纤设计方法，并在此基础上提出了一种基于微结构的少模掺铒光纤增益均衡设计方法。

2017 年，Varona 等人在主振荡功率放大结构基础上，构建了一种不会发生自发辐射的、具有连续特性的、可调谐的、连续的铒镱共掺光放大器，用 940 nm 半导体激光器取代 976 nm 半导体激光器，在中心波长 1556 nm 处，获得了 111 W 的最高激光输出功率和 46.2% 的转换效率。

2017 年，臧琦等人根据 Er^{3+} 受激放大的理论，提出了一种新型的低噪声高增益的双路掺铒光纤放大器，并通过数值模拟优化了其性能，该双向掺铒光纤放大器的噪声指数为 3.86 dB，增益为 20.14 dB。

2021 年，华中科技大学的陈阳等人研制一种 Yb/Er 共掺型光纤，通过提高纤芯中磷含量来提高其最大声子能量，从而提高其泵浦效率。这种光纤的纤芯直径是 10 mm，包层直径是 130 mm，在 940 nm 波长处的包层吸收系数是 3.58 dB/m，在 1535 nm 波长处的纤芯吸收系数是 34.5 dB/m。

2022 年，华中科技大学的何乐等人采用改良的化学气相沉积法，成功研制出了一种新型的 L-频段石英基掺杂光纤，并研究在 $^4I_{13/2} \sim {}^4I_{9/2}$ 能级中，共掺离子对材料的激发态吸收特性的影响，发明了单级正向泵浦、多级光放大器件，以研究材料的宽频带放大特性。基于前向 980 nm 单级泵浦结构，在输入信号功率 9 dBm、泵浦功率 530 mW 的条件下，在 1625.3 nm 波长处，其增益可达 10.5 dB，噪声指数为 5.9 dB。采用多段放大结构，在 1625.3 nm 波长处，光纤的增益可达 23.4 dB。

2023 年，华中科技大学的赵新月等人以 MCVD 技术为基础，采用溶液掺杂技术，制备了具有 18 μm、124 μm 和 0.119 数值孔径的少模掺铒光纤。在 982 nm 和 1535 nm 波长下，光纤的吸收系数分别为 15.57 dB/m 和 50.34 dB/m。采用自主研制的双模少模掺铒光纤，在单模输出功率（−15 dBm）和泵浦功率（400 mW）条件下，LP01 与 LP11a 模可在 1535~1560 nm 波段获得超过 19.4 dB 的增益，差分模态增益最高可达 0.66 dB，且在 1541.119 nm 波长处可达 0.46 dB，并在此基础上实现了模间增益均衡。

参考文献

[1] 李征,刘新雨,柯熙政. 光放大器原理及其发展[J]. 激光杂志, 2024, 45(5): 1-14.

[2] 侯永康,商建明,蒋天炜. 用于光频传递的双级双向掺铒光纤放大器[J]. 光学技术, 2024, 50(3): 298-304.

[3] 张心怡,方翼鸿,黄锡恒,等. 基于不同泵浦方案的全光纤少模放大器放大特性对比研究[J]. 电子学报, 2024, 7: 1-9.

[4] 伍文韬,张鹏. 三模掺铒光纤放大器仿真设计及实验研究[J]. 长春理工大学学报, 2024, 47(1): 34-41.

[5] Lei C, Feng H, Messaddeq Y, et al. Investigation of C-band pumping for extended L-band EDFAs [J]. The Journal of the Optical Society of America B, 2020, 37(8): 2345-2352.

[6] 陈阳,褚应波,戴能利,等. 铒镱共掺光纤制备及其激光性能研究[J]. 中国激光, 2021, 48(7): 47-53.

[7] Khudyakov M M, Levchenko A E, Velmiskin V V, et al. Er-Doped Tapered Fiber Amplifier for High Peak Power Subns Pulse Amplification[J]. Photonics, 2021, 8(12): 523.

拓展阅读

"中国光纤之父"赵梓森

赵梓森是我国光纤通信专家、中国工程院院士、华中科技大学博士生导师，也是我国光纤通信技术的主要奠基人和公认的开拓者。他"拉出"了我国第一根实用型石英光纤，创立了我国光纤通信技术方案，被誉为"中国光纤之父"。

赵梓森早在 1973 年就建议开展光纤通信技术的研究，并提出了正确的技术路线，对我国光纤通信发展少走弯路起了决定性作用。由他作为技术带头人的武汉邮电科学研究院，建成了我国第一条光缆通信工程，架设起连通全国的光纤通信线路并推动光纤到户工程；他领衔吁请在武汉建设"中国光谷"，并推动其成为全球最大的光纤、光缆、光电器件生产基地，最大的光通信技术研发基地和我国在光电子信息领域参与国际竞争的标志性品牌。

赵梓森的一生是奉献的一生，是为科学孜孜以求的一生，他一生都在追光路上奔跑。他对事业的忠诚与热爱，为他的成功奠定了基石。大学毕业后，赵梓森被分配到武汉邮电学校(武汉邮电科学研究院的前身)做了一名中专教师。那时工作轻松，别人课余打牌，他却埋头学习。他说，不要觉得自己只是个中专教师，将来会有大事给你做的。他坚持学习，把研究生课程学了，把日语、英语、俄语都补上了。

机遇果然是青睐有准备的人，领导见他喜欢科研，就把学校 3 个实验室交由他负责。整天泡在实验室里的他如鱼得水，乐此不疲。1969 年，国家邮电部将立项研究多年而长期鲜有突破的"大气激光通信项目"转给武汉邮电学校。赵梓森从小练就的"土法"大显身手，他采用太阳光作平行光源来代替平行光管进行校正，仅用两天就有所突破。

后来，他敏锐地意识到，用玻璃丝搞通信，可能会引起一场通信技术的革命。有人讥讽他"异想天开"，他不怕嘲笑，在单位厕所旁的清洗室里，搭建了一个简易实验室。历经一次又一次的失败和挫折后，1976 年 3 月，赵梓森团队"拉出"一根 7 m 的玻璃细丝，这是中国第一根石英光纤。到 2018 年，武汉邮电科学研究院研发的光纤，一根可实现 67.5 亿对人同时通话。中国成为世界第三大光通信技术强国，市场份额占到全世界一半以上。

赵梓森对兴趣爱好的坚持、对科学的追求，跟他的卓越成就一样鼓舞人心，具有励志的意义。他说，"就算我不搞光纤，还有别人会搞光纤，我只是先走了一步而已""至于当不当光纤之父，只要我做的事情能对老百姓、对社会有用，我就很高兴了"。这就是科学情怀、工匠精神，做一件事情，只为追求事情本身的意义，而不是图名图利。

赵梓森的一生，是坚持动手的一生，也是坚持学习的一生。他常说："兴趣是最好的老师，指引人生的方向。"他用一生践行了这句话。斯人已去，缅怀他的不朽事迹，且像他那样追光逐梦，以兴趣爱好为指引，做一个有益于社会的人。

(参考极目新闻 2022 年《"中国光纤之父"赵梓森院士逝世，且像他那样去追光逐梦》)

实验八
光网络实验

8.1 波分复用演示实验

一、实验目的

1. 了解 WDM 的特性及其简单应用。
2. 掌握 WDM 的复用方法，实现单纤单向和单纤双向的双波长复用/解复用。

二、实验原理

(一)WDM 的概念

波分复用(wavelength division multiplexing, WDM)技术是在一根光纤中同时传输多个不同波长光信号的一项技术。波分复用(WDM)的基本原理为：在发送端将不同波长的光信号组合起来(复用)，并耦合到光缆线路上的同一根光纤中进行传输，在接收端又将组合波长的光信号分开(解复用)，并作进一步处理，恢复出原信号后送入不同的终端，因此将此项技术称为光波长分割复用技术，简称波分复用技术。

光纤的带宽很宽。在光纤的两个低损耗传输窗口：波长为 1.31 μm(1.25~1.35 μm)的窗口，相应的带宽为 17700 GHz；波长为 1.55 μm(1.50~1.60 μm)的窗口，相应的带宽为 12500 GHz。

$$|\Delta f| = \left| -\frac{c}{\lambda^2}\Delta\lambda \right| \tag{8-1}$$

式中：λ 和 Δλ 分别为中心波长和相应的波段宽度；c 为真空中光速。两个窗口合在一起，总带宽超过 30 THz。如果信道频率间隔为 10 GHz，在理想情况下，一根光纤可以容纳 3000 个信道。

由于目前一些光器件与技术还不十分成熟，因此要实现光信道十分密集的光频分复用(OFDM)还较为困难。在这种情况下，人们把在同一窗口中信道间隔较小的波分复用称为密集波分复用(dense wavelength division multiplexing, DWDM)。目前,该系统是在 1550 nm 波长区段内,同时用 8 个、16 个或更多波长在一对光纤上(也可采用单光纤)构成的光通信系统,其中各个波长之间的间隔为 1.6 nm、0.8 nm 或更低,约对应于 200 GHz、100 GHz 或更窄的带宽。WDM、DWDM 和 OFDM 在本质上没有多大区别。以往技术人员习惯采用 WDM 和 DWDM 来区分是 1310/1550 nm 简单复用还是在 1550 nm 波长区段内密集复用,但目前在电信界应用时,都采用 DWDM 技术。由于 1310/1550 nm 的复用超出了 EDFA 的增益范围,只在一些专门场合应用,所以经常用 WDM 这个更广义的名称来代替 DWDM。

WDM 技术对网络升级、发展宽带业务(如 CATV、HDTV 和 IP over WDM 等)、充分挖掘光纤带宽潜力、实现超高速光纤通信等具有十分重要意义,WDM+EDFA 更是对现代信息网络具有强大的吸引力。目前,"掺铒光纤放大器(EDFA)+密集波分复用(DWDM)+非零色散位移光纤(NZDSF,即 G.655 光纤)+光子集成(PIC)"正成为国际上长途高速光纤通信线路的主要技术方向。

如果一个区域内所有的光纤传输链路都升级为 WDM 传输,我们就可以在这些 WDM 链路的交叉(节点)处设置以波长为单位对光信号进行交叉连接的光交叉连接设备(OXC),或设置上下路的光分插复用器(OADM),则在原来由光纤链路组成的物理层上就会形成一个新的光层。在这个光层中,相邻光纤链路中的波长通道可以连接起来,形成一个跨越多个 OXC 和 OADM 的光通路,完成端到端的信息传送,并且这种光通路可以根据需要灵活、动态地建立和释放,这就是目前引人注目的、新一代 WDM 全光网络。

(二)WDM 系统的基本形式

光波分复用器和解复用器是 WDM 技术中的关键部件。将不同波长的信号结合在一起经一根光纤输出的器件称为复用器(也叫合波器),反之,经同一传输光纤送来的多波长信号分解为各个波长分别输出的器件称为解复用器(也叫分波器)。从原理上讲,这种器件是互易的(双向可逆),即只要将解复用器的输出端和输入端反过来使用,就是复用器。因此复用器和解复用器是相同的(除非有特殊的要求)。

WDM 系统的基本构成主要有以下两种形式。

(1)双纤单向 WDM 传输。单向 WDM 传输是指所有光通路同时在一根光纤上沿同一方向传送。如图 8-1 所示,在发送端将载有各种信息、具有不同波长的已调光信号 λ_1, λ_2,…,λ_n 通过光复用器组合在一起,并在一根光纤中单向传输。由于各信号是通过不同光波长携带的,因而彼此之间不会混淆。在接收端通过光解复用器将不同波长的信号分开,完成多路光信号传输的任务。反方向通过另一根光纤传输的原理与此相同。

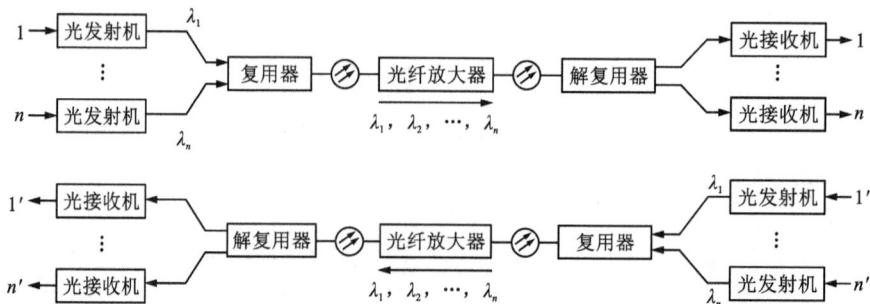

图 8-1 双纤单向 WDM 传输

(2)单纤双向 WDM 传输。双向 WDM 传输是指光通路在一根光纤上同时向两个不同的方向传输。如图 8-2 所示,所用波长相互分开,以实现双向全双工通信。

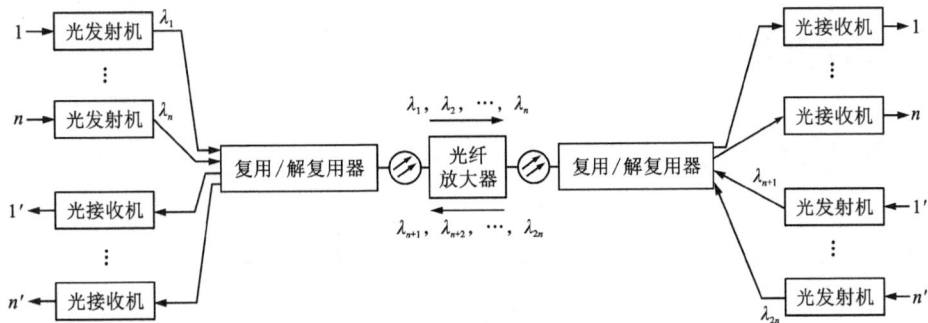

图 8-2   单纤双向 WDM 传输

双向 WDM 系统在设计和应用时必须考虑几个关键的系统因素,如为了抑制多通道干扰(MPI),必须注意到光反射的影响、双向通路之间的隔离、串扰的类型和数值、两个方向传输的功率电平值和相互间的依赖性、光监控信道(OSC)传输和自动功率关断等问题,同时要使用双向光纤放大器。所以双向 WDM 系统的开发和应用相对说来要求较高,但与单向 WDM 系统相比,双向 WDM 系统可以减少使用光纤和线路放大器的数量。

另外,通过在中间设置光分插复用器(OADM)或光交叉连接设备(OXC),可使各波长光信号进行合流与分流,实现波长的上/下路(add/drop)和路由分配,这样就可以根据光纤通信线路和光网的业务量分布情况,合理地安排插入或分出信号。

(三)WDM 技术的主要特点

(1)充分利用光纤的巨大带宽资源。

光纤具有巨大的带宽资源(低损耗波段),WDM 技术使一根光纤的传输容量比单波长传输增加几倍至几十倍甚至几百倍,从而增大光纤的传输容量,降低成本,具有很大的应用价值和经济价值。

(2)同时传输多种不同类型的信号。

由于 WDM 技术使用的各波长的信道相互独立,因而可以传输特性和速率完全不同的信号,完成各种电信业务信号的综合传输,如 PDH 信号和 SDH 信号,数字信号和模拟信号,多种业务(音频、视频、数据等)的混合传输等。

(3)节省线路投资。

采用 WDM 技术可使 N 个波长复用并在单根光纤中传输,也可实现单根光纤双向传输,在长途大容量传输时可以节约大量光纤资源。另外,对已建成的光纤通信系统而言扩容方便,只要原系统的功率余量较大,就可进一步扩容而不必对原系统作大的改动。

(4)降低器件的超高速要求。

随着传输速率的不断提高,许多光电器件的响应速度已明显不足,使用 WDM 技术可降低对一些器件性能的极高要求,同时又可实现大容量传输。

(5)高度的组网灵活性、经济性和可靠性。

WDM 技术有很多应用形式,如长途干线网、广播分配网、多路多址局域网等。可以利用 WDM 技术选择路由,实现网络交换和故障恢复,从而实现未来的透明、灵活、经济且具有高度生存性的光网络。

三、实验内容和步骤

(一)根据所提供的实验器材,设计实验方案

实验器材:视频光纤发端机 2 台(发射波长分别为 1310 nm 和 1550 nm),视频光纤收端机 2 台,摄像头 2 台,监视器 2 台,视频电缆 4 根,WDM,法兰盘。

动手搭建实验系统(图 8-3),观测两路视频信号点对点的波分复用传输(包括单纤单向和单纤双向)。

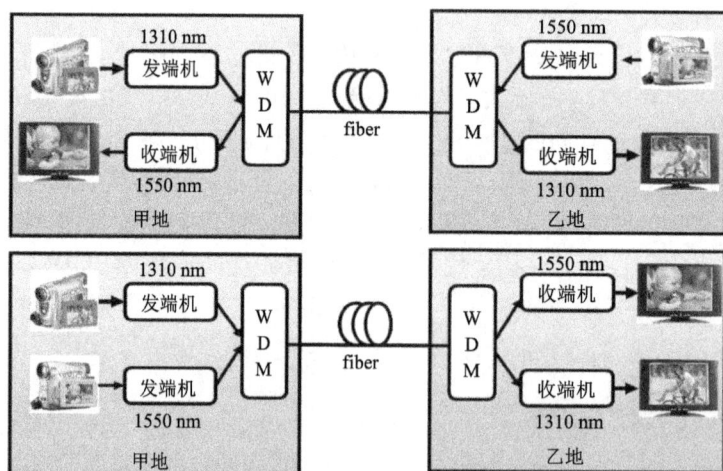

(上图为单纤双向传输;下图为单纤单向传输)

图 8-3　点到点的 WDM 系统

(二)观察实验现象,分析产生的机理或原因

(1)单纤单向传输时,发射端接反(1310 nm 发射端接 WDM 的 1550 nm 波长端,1550 nm 发射端接 WDM 的 1310 nm 波长端),观察监视器上的图像。如果接收端也反接,观察监视器上图像的变化。

(2)如图 8-4 所示,观察接收端 R_1,R_2 的图像(发射端波长为 1310 nm 或 1550 nm,在接收端用一个高隔离度的 1310/1550 的 WDM)。

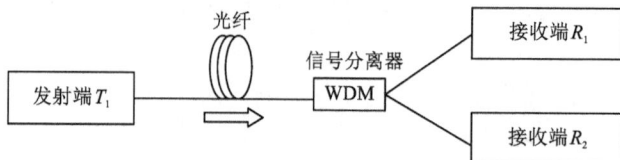

图 8-4　单波长传输

注意事项

　　1.光纤输出为红外激光,不要将眼睛直接对准跳线端面,以免灼伤眼睛。

　　2.应保证连接跳线端面清洁,否则将影响输出光功率。如输出法兰盘内端面脏了,可用牙签等(非坚硬的物体)绕上脱脂棉球或者无纺布蘸乙醇轻轻探入法兰盘内清洁。

8.2　光交叉互连(OXC)实验

一、实验目的

　　1.理解光交叉互连技术的原理及应用。

　　2.模拟并实现光纤交叉连接的系统功能。

二、实验原理

　　光交叉互连机是光交叉互连实验系统中的必备设备,可以单独进行2×2的光纤交叉互连,也可以配合波分复用器进行波长交叉互连,以及配合波分复用器和波长变换器进行波长变换交叉互连。

　　光纤交叉连接:以一根光纤上所有波长的总容量为基础进行的交叉连接,容量大但灵活性差,本实验所用交换机可实现此功能。

　　波长交叉连接:将一根光纤上的某个波长交叉连接到使用相同波长的另一根光纤上。本实验所用交换机配合波分复用器可实现此功能。

　　波长变换交叉连接:可将输入光纤上的某个波长交叉连接到另外一根输出光纤上。本实验所用交换机配合波分复用器和波长变换器可实现此功能。

三、实验仪器

　　输入指示灯:用红、绿两色LED分别表示两个输入端口,如图8-5所示,红灯对应Port1,绿灯对应Port2。

　　输出指示灯:用红、绿两色LED表示。Port3和Port4的右侧分别有两个指示灯,一红一绿。哪个颜色的灯亮,表示该端口与对应颜色的输入端口连通。如Port3右侧的红灯亮,表示Port3与Port1是连通的。

　　输入法兰盘:Port1和Port2两个输入端口。

　　电源指示灯:机器供电的指示。

　　输出法兰盘:Port3和Port4两个输出端口。

　　切换开关:切换输入端口和输出端口的对应状态("直通"和"交叉"两个状态)。接通光交换机后,"直通"状态为Port1连通Port3,Port2连通Port4。"交叉"状态为Port1连通

Port4，Port2 连通 Port3。

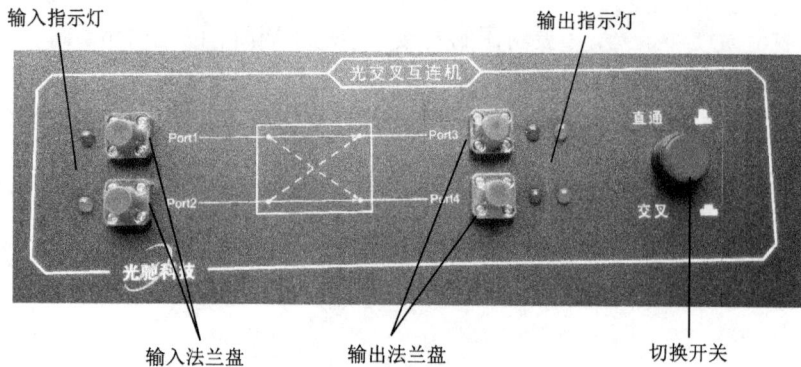

图 8-5　仪器前面板指示说明

四、实验内容和步骤

1. 如图 8-6 所示，搭建 OXC 实验系统。

2. 改变光交叉互连机的状态（"直通"或"交叉"），观察接收端图像的变化，并分析原因。

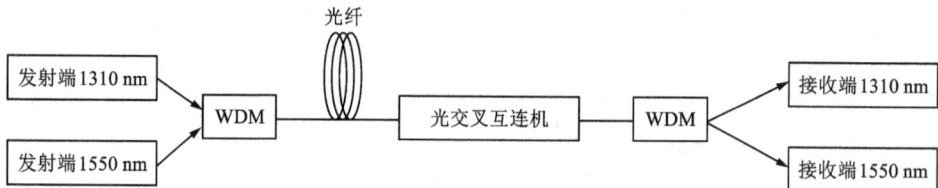

图 8-6　OXC 实验系统图

8.3　光分插复用 OADM(演示实验)

一、实验目的

1. 理解光分插复用技术的原理及应用。

2. 模拟三点 OADM 单纤单向和单纤双向的 WDM 系统，理解系统对 OADM 的要求。

二、实验原理

长途光纤通信多节点网络系统中间节点处的光分插复用(add/drop multiplexer，ADM 也有人称之为上/下载复用器)的作用是下载(drop)通道中的通往本地的信号，同时上载

(add)本地用户发往另一节点用户的信号。ADM 器件可以方便地在节点处加载和下载信号，使整个光纤通信网络系统的灵活性大大提高。OADM 可以直接在光域对数据进行上/下路操作，降低了节点的成本，克服了光—电—光转换的"电子瓶颈"。图 8-7 是 OADM 的基本结构原理图。

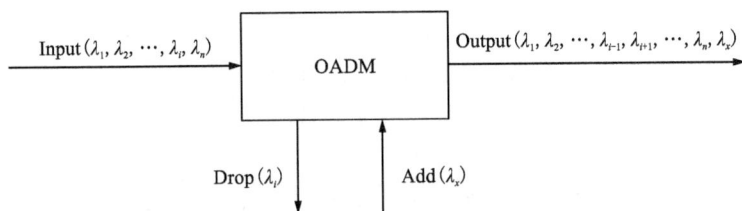

图 8-7　OADM 的基本结构原理图

　　一般的 OADM 有四个端口，分别为输入端口(Input)、输出端口(Output)、上载端口(Add)和下载端口(Drop)。OADM 的具体工作过程如下：从输入端输入的光信号包含有 n 个信号波长，从 Input 进入 OADM 后，根据需要从 n 个波长信号中有选择地从 Drop 端输出所需要的波长信号，其他波长信号直接通过 OADM，从 Add 端输入需要上载的波长信号，与其他波长信号复用后从 Output 输出。

　　传统的 OADM 一般由分波器、合波器和波长交换单元组成。分波器可以使用多层介质薄膜或者阵列波导光栅，合波器通常使用耦合器或者复用器，波长交换单元通常使用光开关或者光开关阵列。由于波长交换单元的光开关存在时延，以及分波器、合波器的器件损耗等缺陷，这种 OADM 逐渐被一些新型的 OADM 取代。新型的 OADM 通常由耦合器件、滤波器件和合波器件组成。耦合器件除了使用耦合器，还使用了环形器；滤波器件种类比较多，常用的有光纤光栅、马赫-曾德尔干涉仪等；合波器件包括复用器和耦合器等。以上 OADM 摆脱了上/下载信号必须保持相同波长的限制，提升了 OADM 性能。由于都是光无源器件，也能减少器件的损耗和光串扰，提升系统的灵活性和可靠性。

三、实验内容和步骤

　　(1)根据所提供的实验器材，设计实验方案。

　　实验器材：视频光纤发端机 3 台(其中 2 台的发射波长为 1310 nm，1 台为 1550 nm)，视频光纤收端机 3 台，摄像头 3 台，监视器 3 台，视频电缆 6 根，WDM，OADM，G.652 光纤 1 盘，法兰盘若干。

　　(2)动手搭建实验系统，模拟三点的 1310/1550 nm 双波长单纤单向波分复用及光分插复用通信系统(图 8-8)。

　　(3)动手搭建实验系统，模拟三点的 1310/1550 nm 双波长单纤双向波分复用及光分插复用通信系统。

　　(4)通过更换不同衰减量的衰减器，观察图像的清晰程度和衰减量的关系。

　　注：OADM 的 OUT 端连左侧 WDM 的 COM 端，OADM 的 IN 端连右侧 WDM 的 COM 端。

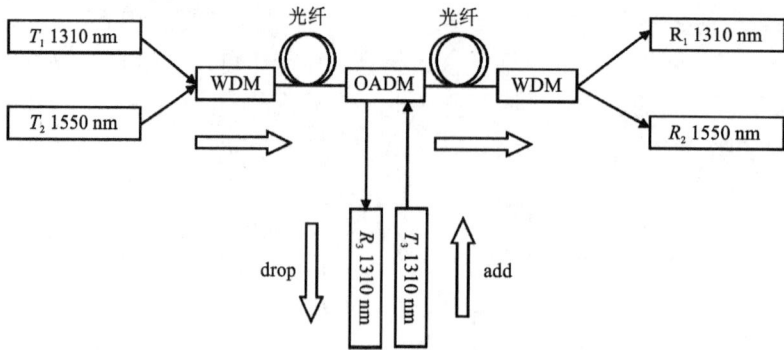

图 8-8 模拟三点 1310/1550 nm 双波长单纤单向波分复用及光分插复用通信系统

四、思考题

1. OADM、WDM 器件的功能和工作原理分别是什么？
2. 对网络数据进行处理时，"交叉连接"和"分插复用"的含义分别是什么？

学科前沿研究和应用案例——光纤通信技术领域

2001 年，NEC 公司实现了单纤容量 10.92 Tbit/s 传输 117 km 的光纤通信，采用了 S+C+L 3 个波带传输 273 路 40 Gbit/s 信号；而 Alcatel 公司实现了单纤容量 10.24 Tbit/s 传输 100 km 的光纤通信，采用偏振复用方式，该系统在第二年把传输距离延长到 300 km。

2002 年，KDDI 公司利用非对称滤波的载波抑制归零码(CS-RZ)实现了间隔为 40 GHz 的 25×40 Gbit/s WDM 信号传输 320 km 的光纤通信，信息频谱效率为 1 (bit/s)/Hz；2004 年 KDDI 公司再次以归零-差分四相移相键控(RZ-DQPSK)码型实现了 70 GHz 间隔 50×80 Gbit/s 信号传输 300 km 的光纤通信，信息频谱效率为 1.14(bit/s)/Hz，该系统于同年又进一步把信道间隔缩小到 50 GHz，信道数增加到 64 路，实现了 1.6(bit/s)/Hz 的信息频谱效率。

Tyco 电信在 2003 年进行了 3.73 Tbit/s(373×10 Gbit/s)传输实验，无电中继传输距离达到 11000 km，并于同年进行了 128×10 Gbit/s 系统野外实地传输 8998 km 的实验；在实验室环境里的 40×40 Gbit/s 系统也实现了 10000 km 的传输。

2009 年，美国的 Mediacom 公司建设了跨越艾奥瓦州和密苏里州的密集波分复用传输主干网；2010 年，美国的 Globelnet 公司建立了支持 40 Gbit/s 和 100 Gbit/s 的高速传输 DWDM 光纤系统。至今，通信容量每秒数百吉比特的 WDM 系统已经逐步被用于网络中，每秒太比特级的 WDM 系统技术也逐渐趋于成熟。

受到全球信息化大潮的影响，我国也开始着重于 WDM 技术的开发和应用。武汉邮电科学研究院研制开发的济南—青岛 8×2.5 Gbit/s DWDM 系统工程早在 1999 年就通过了信息产业部的专家验收，紧接着又在柳州试验了 32×10 Gbit/s DWDM 系统。中国电信完成了沈阳-大连国产 32×2.5 Gbit/s DWDM 系统试验工程。中国网通建设了我国第 1 条商用的宽带高速互连骨干网。它是基于 IP 协议和 DWDM 的全光纤高速网络，速率高达 40 Gbit/s。2005 年 8 月，烽火通信公司在杭州和上海之间顺利建立世界上首条 80×40 Gbit/s 的超大容量和超高传输速率的光传输系统;2008 年,华为开发出了 100 Gbit/s 的 DWDM 样机;2009 年,烽火通信公司成功建设了吉林至长春以及济南至青岛的 80×40 Gbit/s 密集波分复用系统工程;同时该公司还承担了国家"863 计划"有关 100 Gbit/s 和 160 Gbit/s 技术与传输的系统开发工作。

参考文献

[1] 张建亚. 基于光纤光栅的光分插复用器的设计研究[D]. 南京:南京邮电大学,2015.

[2] 丁龙刚,马虹. DWDM 技术进展及光复用器[J]. 电力系统通信,2004(10):40-43.

[3] 胡宇宸,陈鹤鸣. 用于密集波分复用系统的光子晶体光分插复用器[J]. 光学学报,2023,43(2):1-10.

[4] 李韦萍,王凯辉,桑博涵,等. 双信道 WDM 光纤无线集成太赫兹传输系统[J]. 电子学报,2022,50(10):2311-2317.

[5] 孙彩明,张爱东. 蓝绿波分复用技术研究进展[J]. 激光与光电子学进展,2024,6(7):114-126.

[6] 周佳君. 超密集波分复用无源光网络关键技术研究[D]. 武汉:湖中科技大学,2023.

拓展阅读

"光纤之父"高锟的故事

1960 年,美国物理学家梅曼发明了世界上第一台激光器,人类从此进入激光时代。激光光源的出现,使得科学家们产生了将激光用于信号传输的想法。但是,经过一番实验后,科学家们发现,激光作为高频信号,衰减太快,无法进行长距离传输,于是纷纷放弃。此时的高锟,本来打算跳槽去拉夫堡理工学院担任讲师一职。后经公司挽留,改为就职于标准电信实验有限公司(STL 公司,ITT 设在英国的欧洲中央研究机构),担任研究工程师。他的主要研究方向是激光在高频波导管中空架构中的传输。

多次实验后,高锟认为波导管导光是一条死路。于是,他改变研究方向,开始研究激光在透明材料介质中的传输。业界的研究人员也有过与高锟相同的想法。但是,实验证明,透明材料(玻璃)的衰减率过大,甚至还不如空气。所以,大部分人都放弃了这方面的研究。高锟并没有轻言放弃,而是继续深入钻研。经过数年的反复实验论证,他发现,透明材料中的杂质含量过高,是激光衰减率过大的原因。

1965 年,高锟获得伦敦大学电机工程博士学位。1966 年,高锟和他的伙伴 G. A. Hockham,共同发表了一篇题为《光频率介质纤维表面波导》的论文。在论文中,高锟明确提出,利用石英基玻璃纤维,可进行长距离及高信息量的信息传送。当玻璃纤维的衰减率下降到 20 dB/km 时,光纤通信即可成功。换句话说,只要解决了玻璃的纯度和成分等问题,就可以将玻璃制作成光纤,用于通信。这篇论文,后来被视为 20 世纪通信领域伟大的论文之一,打开了光纤通信时代的大门,也改变了人类科技的走向。此时的高锟,只有 33 岁。

现在,我们都知道这篇论文意义非凡,但实际上,论文发表之初,虽然引起行业关注,却没有人相信论文的结论。就连贝尔实验室的研究人员,也认为高锟的设想不切实际。他们认为,高锟所设想的"没有杂质的玻璃",是不可能存在的。

为了寻找这种"没有杂质的玻璃",高锟造访了各大玻璃工厂,还去了美国、日本、德国,跟专家们讨论玻璃的制法,试图说服他们进行相关的研究。但是,大部分企业都拒绝了高锟的建议,不打算从事这种"无意义且耗资巨大的研究"。唯一对高锟论文感兴趣的,是美国的康宁公司(Corning Inc.)。康宁公司是成立于1851年的老牌玻璃制造厂,爱迪生发明电灯的玻璃灯泡,就是该公司制造的。康宁公司意识到高锟论文的潜力和价值,低调启动了高纯度玻璃纤维的研发。当时,康宁公司委派物理学家罗伯特·毛瑞尔(Robert Maurer),领导两名新入职的年轻研究员——化学家皮特·舒尔茨(Pete Schultz)、实验物理学家唐纳德·凯克(Donald Keck),进行玻璃净化的研究。

1970年,通过外部气相沉积法(OVD),康宁使用掺钛纤芯和硅包层,成功制造出了损耗为17 dB/km的光纤。这是世界上首根符合理论的低损耗试验性光纤,正式开启了光通信时代。两年之后,康宁公司以掺锗纤芯代替掺钛纤芯,制造出了一条损耗低至4 dB/km的多模光纤,再次引发行业震动。

此时,全世界才意识到,1966年高锟的那篇论文是多么的伟大和富有前瞻性。名誉和奖励纷至沓来,高锟很快被誉为"光纤之父"。

这个时候的高锟,已经离开了ITT。他于1970年返回香港,加入香港中文大学,筹办电子系,并担任了首任系主任。1974年,高锟又回到了ITT上班,不过上班地点不是英国,而是美国。当时,光纤已经逐步进入产品化阶段,高锟来到美国弗吉尼亚州罗阿诺克(Roanoke)的ITT光电产品部,担任副总裁兼工程总监,同时也是首席科学家。

整个20世纪70年代,通信行业都在研究光纤的产业化。1976年,第一条速率为44.7 Mbit/s的光纤通信系统在美国亚特兰大的地下管道中诞生。1979年,日本电报电话公司(NTT)研制出了损耗0.2 dB/km的极低损耗石英光纤。到了20世纪80年代,光纤已经全面进入了商业化阶段,全球各地都开始兴建商用光纤通信系统。

1982年,高锟被ITT公司任命为首位"ITT执行科学家(executive scientist)",负责掌管公司所有的研究和开发项目。不久后,高锟搬到了美国康涅狄格州的高级技术中心附近。在那里,高锟被允许自由地做任何他认为对ITT有益的事。1985年,高锟被任命为ITT企业研究总监。后来,他前往联邦德国,就职于半导体能源研究所(SEL)。与此同时,他也担任耶鲁大学特朗布尔学院兼职教授及研究员。

其间,高锟的研究成果不少。他开发了实现光纤通信所需的辅助性子系统。在单模纤维的构造、纤维的强度和耐久性、纤维连接器和耦合器,以及扩散均衡特性等多个领域,他都做了大量的研究工作,成果卓著。

高锟是一个极其乐观的人,他从来不计较别人对自己的攻击,对名利也看得很淡。他一生获得的荣誉和奖项不计其数,但他从来不会将它们挂在嘴边。大部分的奖章和奖金,他都捐给了学校或慈善组织。作为"光纤之父",他没有申请光纤的专利,放弃了成为世界首富的机会。他是这么说的:"香港首富、全球首富,对我来说完全没有意义。我不后悔、也无怨言,因为如果事事以金钱为重,一定不会有今日光纤的成果。"他还说:"我也是一个普通人,在世界上行走一圈,能留下一点脚印,我已经心满意足。"言语之间,充分展现了他豁达的人生态度,及宽广的胸襟。

(参考 https://zhuanlan.zhihu.com/p/449286963《光纤之父:高锟的故事》)

实验九
漫反射全息照相实验

一、实验目的

1. 了解全息照相的记录和再现原理。
2. 掌握漫反射全息照片的拍摄方法。
3. 加深对全息照相主要特点的理解。

二、实验原理

人们的视觉是由于物体上的各点发出(或反射)的光被人眼接收而产生的感观效果。物体上各点发出(或反射)的光波的频率、振幅以及相位的不同,引起人们对物体的颜色、明暗、位置、大小、形状和远近等产生不同的视觉效果。普通的照相方法是通过透镜把物体成像在感光胶片平面或 CCD 等感光元件上,将成像的照度分布记录下来,记录的只是光信号的强度,丢失了光波的相位信息,所以照片没有空间立体效果。所谓"全息照相",就是把物体上发出(或反射)的光信号的全部信息,即光波的振幅和相位全部记录下来,再通过适当的方法,将记录的光信号还原或再现,从而得到物体的立体图像。

1948 年,英国科学家盖伯(D. Gabor)为了提高电子显微镜的分辨本领提出了全息原理,并开始全息照相的研究工作。但在 20 世纪 50 年代,这方面工作的进展相当缓慢,直到 1960 年以后出现了激光。由于激光具备良好的相干性和高强度,为全息照相提供了十分理想的光源,从而促进了全息术的发展,并使之成为科学技术上一个崭新的领域。现在,全息术在干涉计量、无损检测、信息存储与处理、遥感技术、生物医学以及国防科研等领域中获得了极为广泛的应用。盖伯也因发明全息术在 1971 年获得诺贝尔物理学奖。

(一)全息的记录

全息照相利用光的干涉和衍射原理来记录和再现物体的光波,是一种全新而独特的照相技术。如图 9-1 所示,激光器射出的激光束通过分束器后分成两束。一束透过分束器经全反镜反射后,再经扩束镜扩束照射到被摄物上,经被摄物表面反射(或透射)后照射到全息干板(感光底片)上,这束光称为物光波。另一束则是经分束器反射,再由全反镜反射与扩束镜扩束后直接投射到全息干板上,这部分光称为参考光波。由于激光是相干光,物光波和参考光波在全息干板上叠加,形成干涉条纹。因为从被摄物上各点反射出来的物光波,在振幅和相位上都不相同,所以全息干板上各处的干涉条纹也不相同。强度不同使条纹明暗程度不同,相位不同使条纹的密度、形状也不同。因此,被摄物反射光中的全部信息都以不同明暗程度和不同疏密分布的干涉条纹形式被记录下来,经显影、定影等处理后,就得到一张全息照片。

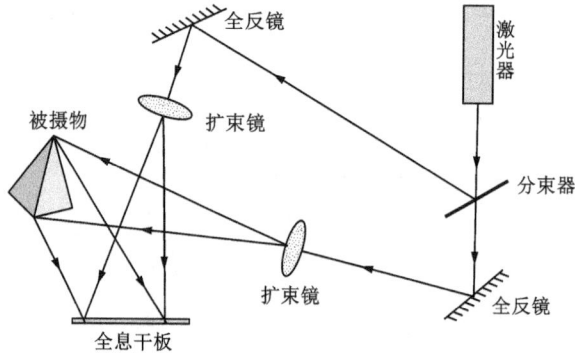

图 9-1　全息照相光路图

全息照片和普通照片截然不同。全息照片记录的是物光波与参考光波干涉所形成的干涉条纹,也只有通过高倍显微镜才能在其上看到明暗程度不同、疏密程度不同的干涉条纹(图 9-2),而普通照片记录的只是物体的像。由于干涉条纹密度很高,所以要求记录介质有较高的分辨率,通常大于 1000 条线/mm,故不能用普通照相底片拍摄全息照片。

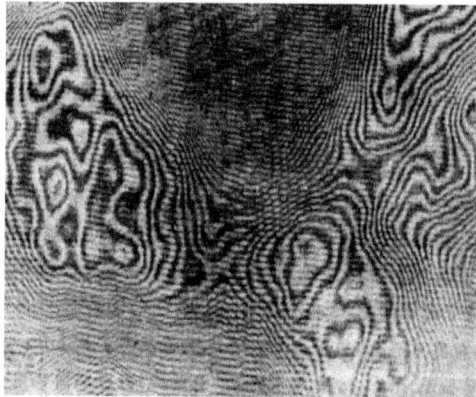

图 9-2　全息图

(二)全息图的再现

为了看到被摄物的全息像,必须还原原来的物光波。须用一束与参考光波的波长和传播方向完全相同的光束照射全息照片,这束光称为再现光波。再现光波经全息图的衍射后还原出物光波,在原先拍摄时放置物体的方向上能看到一个与原物形状完全一样的立体虚像, 如图9-3所示。透过全息照片去看物体的像, 犹如从窗口去观察原来的物体, 当人们移动眼睛从不同角度观察时, 可以看到它不同侧面的形象, 甚至在某个角度被物体遮住的东西也可以在另一角度被看到。更有趣的是, 如果取全息照片的一个碎片, 通过这一碎片仍能看到物体的整体形象。除了这个虚像, 在全息照片观察者一侧还会形成一个实像, 分别对应光栅衍射所产生的在零级条纹两侧的+1级与-1级两个衍射波所成的像。

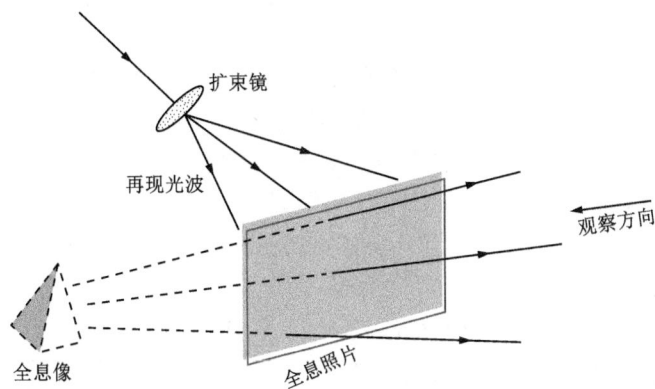

图9-3 全息图的再现

(三) 全息照相原理的数学描述

下面对全息照相原理作一简单的数学描述。设全息干板所在平面为 xy 平面, 物光波在全息干板上的振动表达式为

$$E_O(x, y) = A_O(x, y) \cos \left[\omega t + \varphi_O(x, y) \right] \tag{9-1}$$

参考光波为

$$E_R(x, y) = A_R(x, y) \cos \left[\omega t + \varphi_R(x, y) \right] \tag{9-2}$$

为计算方便, 采用复数形式表示为

$$E_O(x, y) = A_O(x, y) e^{i\varphi_O(x, y)} e^{i\omega t} \tag{9-3}$$

$$E_R(x, y) = A_R(x, y) e^{i\varphi_R(x, y)} e^{i\omega t} \tag{9-4}$$

对于波的相干叠加, 真正起作用的是振幅和相位, 可用复振幅来表示。略去相同的时间相位因子 $e^{i\omega t}$ 后的其余部分, 既含振幅又含随空间变化的相位, 称为复振幅。于是, 在全息干板上, 任一点物光波和参考光波的复振幅分别为

$$O(x, y) = A_O(x, y) e^{i\varphi_O(x, y)} \tag{9-5}$$

$$R(x, y) = A_R(x, y) e^{i\varphi_R(x, y)} \tag{9-6}$$

相干叠加后的合成光场为

$$H(x, y) = O(x, y) + R(x, y) \tag{9-7}$$

干涉条纹的光强为

$$I = HH^* = \left[O + R \right] \left[O^* + R^* \right] \tag{9-8}$$

式中: H^* 为 H 的共轭复数。为使关系式简洁, 各量中的 x, y 均省略。将式(9-8)展开得

$$I = A_O^2 + A_R^2 + A_O A_R e^{i(\varphi_O - \varphi_R)} + A_O A_R e^{-i(\varphi_O - \varphi_R)} \tag{9-9}$$

经简化后，式(9-9)可写为

$$I = A_O^2 + A_R^2 + 2A_OA_R\cos(\varphi_O - \varphi_R) \tag{9-10}$$

这正是干涉条纹光强的表达式。式(9-10)表明，光强 $I(x, y)$ 包含了物光波的全部信息(振幅和相位)。采用适当的两光波强度比，感光底片经曝光并进行线性冲洗后，就得到一张全息照片(或称全息图)。

假定用照明光 $R'(x, y)$ 照射全息照片，设再现光在全息照片上的复振幅为

$$R'(x, y) = A_{R'}(x, y)e^{i\varphi_{R'}(x, y)} \tag{9-11}$$

如把全息照片看作衍射屏，则透过全息照片后衍射光波的复振幅为

$$U(x, y) = R'(x, y)t(x, y) \tag{9-12}$$

式中：$t(x, y)$ 为全息照片的复振幅透射率。对于经线性处理的全息照片，复振幅透射率与曝光时的光强为线性关系，即

$$t(x, y) = t_0 + \beta I(x, y) \tag{9-13}$$

于是，透过全息照片后衍射光波的复振幅为

$$U(x, y) = R'(x, y) \left[t_0 + \beta I(x, y) \right] \tag{9-14}$$

将 $I(x, y)$ 值代入得

$$\begin{aligned} U &= R'[t_0 + \beta(O + R)(O^* + R^*)] \\ &= (t_0 + \beta A_O^2 + \beta A_R^2)R' + \beta R'R^* O + \beta R'RO^* \\ &= U_0 + U_{+1} + U_{-1} \end{aligned} \tag{9-15}$$

第一项 U_0，除了系数 $(t_0+\beta A_O^2+\beta A_R^2)$，其余均与再现光相同，为零级衍射波，代表照明光的透射波，形成一个背景像，从物光重现的角度来看，可以不予考虑。

第二项 U_{+1}，为+1 级衍射波。当再现光波和参考光波完全相同时，即 $A_{R'} = A_R = A$，$\varphi_{R'} = \varphi_R$，则+1 级衍射波在全息照片上的复振幅为：

$$U_{+1} = \beta R'R^* O = \beta A_{R'}A_R e^{i(\varphi_{R'} - \varphi_R)}O = \beta A^2 O \tag{9-16}$$

其与原物光波相比，只差一个常数因子，从而实现了原物光波的再现。观察者将在原物体所在位置上看到逼真的立体虚像，在不同的角度看到物体不同的侧面。

第三项 U_{-1}，为-1 级衍射光波。当再现光波是参考光波时，-1 级衍射波在全息照片上的复振幅为

$$U_{-1} = \beta R'RO^* = \beta A_{R'}A_R e^{i(\varphi_{R'} + \varphi_R)}O = \beta A^2 e^{i2\varphi_R}O^* \tag{9-17}$$

其与原物光波的共轭光波 $O^*(x, y)$ 除相差一个常数因子外，还多一个位相因子 $e^{i2\varphi_R}$，表示衍射光波会聚于以全息照片为对称面的原物体的对称位置上，观察者将在此位置上看到一个存在畸变的共轭实像。

(四)对拍摄系统的技术要求

为了成功地获得全息图，对拍摄系统有一定的技术要求。

(1)全息实验台的防震性能要好。

在全息照相时，物光波和参考光波相互干涉形成的干涉条纹密度为每毫米近千条或更多，如果物光波和参考光波稍有抖动，就会造成干涉图样模糊不清。因此要求全息实验台有很好的抗震性能，同时采取一些必要的防震措施，如在全息实验台支座上加减震器、充

气轮胎、沙箱等。对全息实验台上的光学元件需进行仔细检查,看是否牢固。在曝光过程中,身体任何部位都不要触及全息实验台,避免高声谈话,更不要在室内随意走动,开关门、窗等,以确保干涉条纹无漂移。

(2)要有好的相干光源。

一般采用 He-Ne 激光器作为光源,同时要求物光波和参考光波的光程尽量相等或尽量小,以保证物光波和参考光波具有良好的相干性。

(3)物光和参考光的光强比要合适。

一般选择 $I_0/I_R = 1/4 \sim 1/10$ 为宜;两者间的夹角 30° 左右,不宜超过 40°,因为夹角越大,干涉条纹间距越小,条纹越密,对全息照片分辨率的要求也越高。

三、实验仪器

全息实验台、He-Ne 激光器、分束器、全反镜、扩束镜、载物台、底片夹、全息干板、显影及定影器材等。

四、实验内容和步骤

(一)检查全息实验台的稳定性

用光学元件在全息实验台上布置成迈克耳逊干涉仪光路,以检查全息实验台的防震性能。迈克耳逊干涉仪的光路如图 9-4 所示,布置光路时须作如下调整:

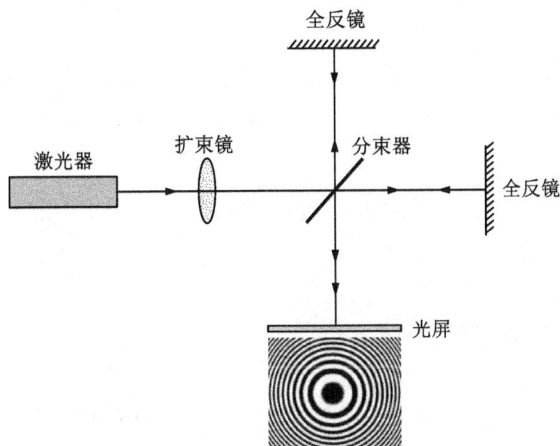

图 9-4　迈克耳逊干涉仪光路图与干涉同心圆环

①各元件基本等高;

②采用 5∶5 分束器,且分束后两光束传输方向尽量垂直;

③分束器至两全反镜的距离尽量相等。

如果在远大于曝光所需的时间内,屏上出现的干涉同心圆环"涌出"或"陷入"少于四分之一个环,全息实验台可以使用,否则须调节全息实验台。

(二)全息照相光路调整

按图 9-1 所示光路安排各光学元件,并作如下调整:

①各元件基本等高,采用 7∶3 分束器;

②在底片架上夹一块白屏,使参考光波均匀照在白屏上,入射光波均匀照亮被摄物,且其漫反射光能照射到白屏上,调节两束光夹角约为 30°;

③使物光波和参考光波的光程大致相等,可分别挡住物光和参考光,并调节其光强比为 1∶4~1∶10,两光束有足够大的重叠区;

④所有光学元件必须通过磁钢与全息实验台保持固定。

(三)全息照片的记录

拿下白屏,关掉激光器电源(同时必须关掉暗室里所有光源,安全灯除外),在底片夹上装夹全息干板,注意使底片的药膜面对着物光和参考光,稍等片刻(1~2 min),待系统稳定后,打开激光器进行曝光,曝光时间由实验室提供(一般为 5 s 左右)。然后关闭激光器,取下底片待处理(注意切勿再使底片曝光)。

(四)照相底片的冲洗

在照相暗室中,按暗室操作技术规定进行显影(3 min)、停显(20 s)、定影(10 min)、漂白(当全息干板上的黑色完全褪去后即可,漂白目的是提高全息图的衍射效率)、水洗及冷风干燥等处理后,即制成了全息图。

(五)全息的再现观察

用经扩束后的激光沿原参考光波入射方向照射全息照片(药膜面对着光),透过底片并朝着放置原物位置方向进行观察,可看到一个清晰、立体的原物虚像,体会全息照相的体视性。

用未经扩束的激光沿原参考光波入射方向照射全息照片(全息照片光面对着光),在全息照片后用白屏可接收到实像。

五、数据处理和结果分析

从观察到虚像的位置拍摄照片,打印后贴在实验报告相应位置,分析成像质量和影响成像的因素。

六、思考题

1.拍摄一张高质量的全息图应注意哪些问题?

2.为什么物光波和参考光波的光程要大致相等?

3.全息照相与普通照相有什么区别?

注意事项

1. 为保证全息照片的质量，各光学元件应保持清洁。若光学元件表面被污染或有灰尘，应按实验室规定方法处理，切忌用手、手帕或纸片等擦拭。

2. 绝对不能用眼睛直视未经扩束的激光束，以免造成视网膜永久损伤。

学科前沿研究和应用案例——全息成像技术领域

随着计算机、CCD、CMOS、空间光调制器等器件的发展，全息技术得到了快速发展，全息显示、全息存储、全息干涉计量、计算全息等是光学全息较具潜力的发展领域。20 世纪 60 年代，Stetson 和 Powell 等人提出全息干涉计量技术，利用空间波前再现实现对物体无接触的三维测量，不论物体表面的光滑度如何，都能达到波长量级的测量精度[1]。20 世纪 90 年代，德国的 Schnars 和 Juptner 等人利用 CCD 记录全息图并用计算机重现物体的三维像，这使得全息成像更加便捷，并大大提高了成像质量。近一二十年，基于空间光调制器的快速发展，人们利用空间光调制器实时调制光束，实时进行光学信息处理，实现了实时再现全息图。

1. 全息存储技术

全息存储是利用两束激光干涉实现存储的。全息存储具有巨大的信息存储密度、高度分散性和强容错能力等优点，这是其他存储技术无法比拟的。全息存储的关键是找到合适的存储介质，目前使用较多的是光致聚合物、光致变色材料、光折变聚合物和光折变晶体。全息存储目前存在的问题是系统的激光、空间光调制器和探测器阵列的对准价格高，存储材料尚需改进。日本 OPTWARE 公司 2006 年推出了容量为 200 GB 的全息通用盘片及驱动器。美国 APRILIS 公司也将全息存储商业化。InPhase 公司的离轴全息存储系统如图 9-5 所示[2]。图 9-5 中 PBS(polarizing beam splitter mirror) 表示偏振分束镜，SLM 表示空间光调制器。经过 SLM 的一束光为信息光，另一束从分光镜分出的光为参考光，这两束光在光盘材料上某一区域进行干涉。参考光路中的振镜可以控制参考光的角度，来实施角度复用。当读取时，利用参考光的共轭光对全息图进行读取，产生重建光，由于重建光再次经过 $\frac{\lambda}{4}$ 波片，等效为信息光经过了一个半波片，因此 s 偏振光变为 p 偏振光，透过偏振分束器到达相机中。虽然在 SLM 前使用了相位板，但其目的是利用相位调制使得材料中的能量分布更均匀，获得高信噪比的全息图，相位在读取后的重建光中仍被忽略，其本质仍然是振幅式系统。[2]

2. 全息干涉计量技术

全息干涉计量技术最早由 R. Powell 及 K. Stetson 在 1965 年提出。全息干涉计量是在毫无接触的情况下利用波前再现对物体进行三维立体观测，分析测量的数量级能达到波长量级。干涉计量的基础是波前比较，全息干涉技术是唯一能记录和再现波前的技术，用一个标准波前和一个由变形物体产生的波前相比较而实现干涉计量。常用的全息干涉技术有单次曝光法、二次曝光法、动态时间平均法、双波长法、频闪法和实时法等。利用计算机自动处理、光电检测和 CCD 摄像机采集数据，全息干涉在信息处理和采集上更加快捷可

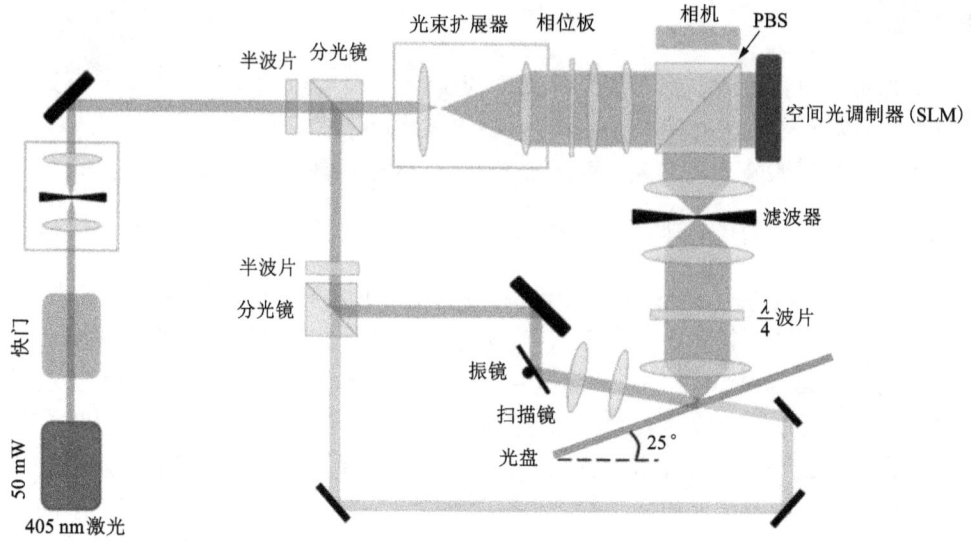

图 9-5　InPhase 公司的离轴全息存储系统

靠，测量精度逐步提高，而且在恶劣环境下能对某些物理量进行定时测量。该技术被广泛应用于微应力分析、微位移测量、无损检测、振动分析等领域。

为了实时测量高频、微小面内振动，利用硅酸铋（BSO）晶体的光折变特性搭建的基于动态全息的面内微振动测量系统如图 9-6 所示[3]。通过粗糙表面的散射信号光携带面内振动信息，散射信号光与参考光在晶体内干涉形成动态全息并实时衍射，参考光的衍射光和信号光的透射光之间形成新的干涉，通过光电探测器对干涉信号进行解时域或频域的探测，从而得到振动信息。以剪切式压电陶瓷驱动的散射片为被测物，实验测量了 0.5 ~ 240 kHz 的亚微米量级的面内振动。

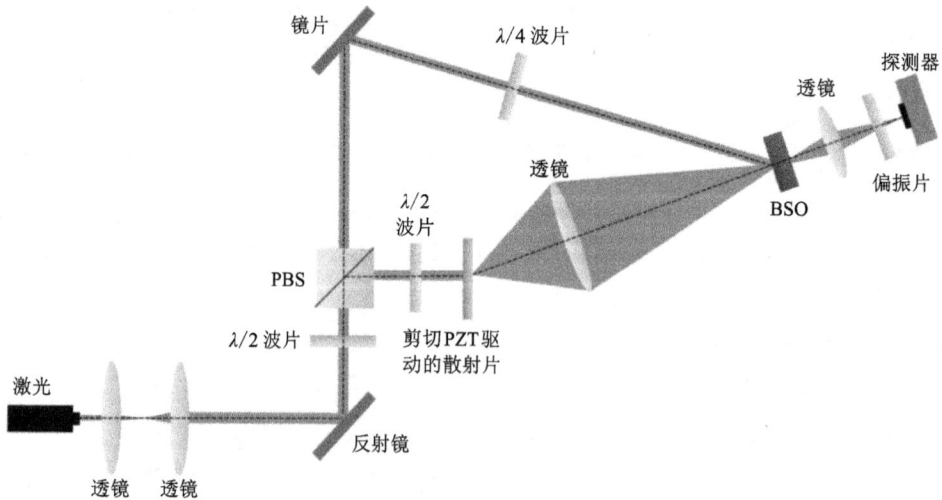

图 9-6　基于动态全息的面内微振动测量系统[3]

3. 模压全息技术

模压全息是利用模压的方法使信息层在一定温度下发生永久变形而达到复制全息图的目的。模压全息图在 20 世纪 80 年代进入商品市场，具有丰富的色彩、逼真的立体视觉效果，在防伪标识、包装、商标、广告、证券、身份证件等领域起着重要的作用，用以防止假冒商品，如图 9-7 所示。迄今为止，模压全息图经历了四个阶段，包括全息光栅图、加密全息图、像素全息图以及组合全息图。目前，模压全息技术已产业化，由于其具有三维立体感，并具有随视角变化的彩虹效应，以及各种各样的防伪标记，把防伪技术推向了新阶段。

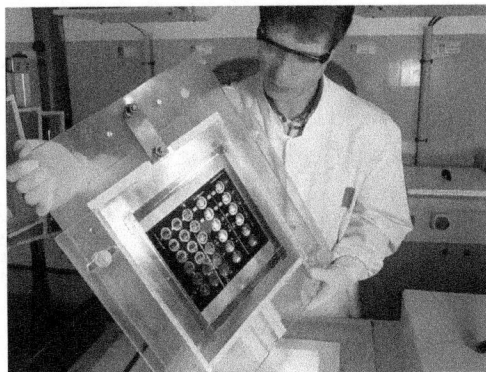

图 9-7 模压全息图

4. 计算全息技术

相比于光学全息，计算全息通过计算机模拟全息图的记录过程，并采用可刷新的空间光调制器替代传统的光学记录材料作为全息图的承载媒介，因而成为实现实时全息三维显示的理想技术方案。然而，复杂三维场景数据量巨大、空间光调制器调制能力不足以及全息三维显示系统展示度不高等问题仍阻碍了实时全息三维显示的发展。为了弥补这些不足，研究者们在算法和硬件两方面进行了许多创新工作[4]。1966 年，罗曼将抽样定理引入光学领域，奠定了计算全息的理论基础。他使用计算机绘图仪制作出世界上第一张计算全息图。2020 年，三星先进技术研究所设计了一套基于相干背光单元和全息视频处理器的超薄全息显示系统[5]。其中，相干背光单元使系统的有效空间带宽积扩大了 30 倍，全息视频处理器能够以 30 frame/s 的速度计算 4K 超高清全息图。整个系统的厚度小于 10 cm，显示部件的厚度为 1 cm，可实现彩色实时全息三维显示，其系统结构和显示效果如图 9-8 所示。

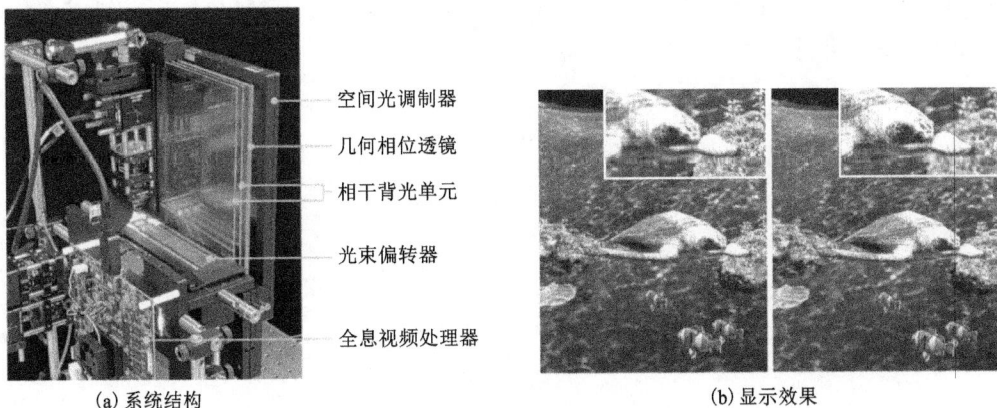

空间光调制器
几何相位透镜
相干背光单元
光束偏转器
全息视频处理器

(a) 系统结构

(b) 显示效果

图 9-8 超薄全息显示系统

参考文献

[1] 梁丹华, 孙华燕. 光学全息的现状与发展趋势[J]. 装备制造技术, 2017(1): 21-22.

[2] 林枭, 郝建颖, 郑明杰, 等. 光全息数据存储: 新发展时机已至[J]. 光电工程, 2019, 46(3): 11-25.

[3] 申旭, 高炅烨, 薛勇, 等. 基于动态全息的面内微振动测量系统[J]. 光学学报, 2023, 43(5): 138-143.

[4] 刘娟, 王涌天. 实时全息三维显示技术研究进展[J]. 光学学报, 2023, 43(15): 128-141.

[5] AN J, WON K, KIM Y, et al. Slim-panel holographic video display[J]. Nature Communications, 2020, 11(1): 1-7.

拓展阅读

努力探索 "偶然" 发现成为"必然" 成果

1947 年, 英国匈牙利裔物理学家丹尼斯·盖伯在英国的 BTH 公司研究如何增强电子显微镜的性能时偶然发现了全息图并首次提出全息图概念, 且在 1947 年 12 月申请了专利。这项偶然发现最开始被用于电子显微镜, 所以最开始被称为"电子全息图"。但在后来的电子显微镜研发过程中, 他却屡受挫折, 这使得他的天才想法夭折。尽管他的所有实验过程都使用了光波, 从而证实了其在技术上的可行性, 但由于光波的相干性与大强度光源等问题, 光学全息术一直到 1960 年激光被发明后才取得了实质性的进展。

盖伯所提出的光波波前的记录与再现的闪光思想激发了后继科学家们追求三维显示的灵感, 从而诞生了光学全息及光学信息处理这一对人类文明有重大深远影响的光学新学科, 盖伯也因此获得 1971 年诺贝尔物理学奖。如今, 全息术在干涉计量、无损检测、信息存储与处理、遥感技术、生物医学及国防科研等领域中获得了极为广泛的应用。盖伯的这个对人类文明产生了重大影响的"偶然"发现, 其实是他努力探索的"必然"结果。回顾人类科技史, 很多伟大的发现都源自某一次"偶然", 当然这些"偶然"也是人们坚持不懈对自然探索的"必然"。我们在科研过程中, 应该重视且善于发现每一个"偶然", 因为其很有可能蕴含着一个重大科学发现。

实验十
光栅光谱仪与光谱分析实验

一、实验目的

1. 掌握光栅光谱仪的分光原理。
2. 了解光电倍增管和线阵 CCD 及其在光谱测量中的应用。
3. 学习摄谱、识谱和谱线测量等光谱研究的基本方法。
4. 通过测量氢光谱可见谱线的波长，验证巴尔末公式的正确性，了解玻尔理论的实验基础。
5. 力求准确测定氢的里德伯常数，对近代测量能达到的精度有初步了解。

二、实验原理

光谱分析是研究原子和分子结构的重要手段。现有关于原子结构的知识，大部分来源于对原子光谱的研究。通过对物质的光谱研究，可以得到其所包含的元素组分、原子内部的能级结构及相互作用等方面的信息。在光谱分析中，用于分光的光谱仪器和检测光的光探测器对结构分析有着决定性作用。

(一)光栅光谱仪分光原理与参数

（1）平面反射光栅的构造与光栅方程。

光栅光谱仪的核心部件是光栅。目前应用最广泛的是平面反射光栅，它是在玻璃基板上镀铝层，用特殊刀具刻划出许多平行等间距的槽面而成，如图 10-1 所示。常见的平面反射光栅上每毫米的刻槽数目为 600

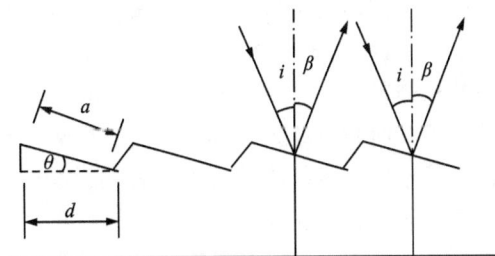

图 10-1 平面反射光栅刻槽断面示意图

条、1200 条、1800 条和 2400 条。由于铝在近红外区和可见光区的反射系数较大且几乎为常数，同时在紫外区的反射系数比金和银大，加上其质地较软，易于刻划，所以通常都用铝来刻制平面反射光栅。铝制平面反射光栅几乎在红外、可见光和紫外区都可用。在铝层上刻划出适当槽形的平面反射光栅，能把光的能量集中到某一级，克服透射光栅谱线强度弱的缺点。用一块刻制好的光栅(原制光栅或母光栅)可以复制出多块光栅。由于这些优点,反射光栅在分光仪器中得到越来越多的应用。

在图 10-1 中,衍射槽面(宽度为 a)与光栅平面的夹角为 θ(图中未标出),称为光栅的闪耀角。当平行光束入射到光栅上,由于槽面的衍射及各个槽面衍射光的叠加,不同方向的衍射光束强度不同。考虑槽面之间的干涉,当光强度出现极大值时,应满足光栅方程

$$d(\sin i \pm \sin \beta) = m\lambda \tag{10-1}$$

式中:i 和 β 分别是入射光与衍射光同光栅平面法线所形成的夹角(入射角和衍射角);d 为光栅常数;$m = \pm1,\ \pm2,\ \pm3,\ \cdots,\ \pm n$,为干涉级;$\lambda$ 是出现极大值的波长,当入射光与衍射光在法线同侧时,取正号,异侧时取负号。

由式(10-1)可知,当入射角 i 一定时,不同的波长对应不同的衍射角,因而经光栅衍射后按不同方向排列形成光谱,成像于谱面中心的谱线的波长称为中心波长 λ_0。本仪器采用的光路,对中心波长 λ_0 而言,入射角与衍射角相等,即 $i = \beta$(图 10-2),这种布置方式称为 littrow 型,因此,对中心波长 λ_0 有

$$2d\sin i = m\lambda_0 \tag{10-2}$$

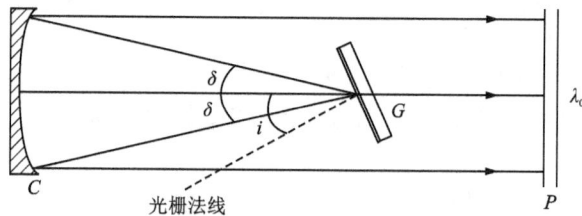

图 10-2　littrow 型光栅光路图

从图 10-2 中可看到,谱面上成像于中心波长 λ_0 两侧的谱线,衍射角为 $\beta = i \pm \delta$,正、负号分别与右侧及左侧对应,因此相应有:

$$d[\sin i + \sin(i \pm \delta)] = m\lambda \tag{10-3}$$

λ/a 的最大值不超过 0.0873。

(2)光栅的闪耀波长。

对于棱镜光谱仪,入射光束经棱镜分光后,某一波长的单色光的能量除了被棱镜表面反射及吸收外,全部集中在某一确定方向,因此光谱比较强。光栅则不同,入射光束中某一波长的单色光,经光栅衍射后将能量分配到各级光谱中,且能量分配方式与光栅的型式及各种几何参数相关。如前所述,能量的分配是单槽衍射与槽间干涉的综合结果。光栅方程只是给出了各级干涉极大的方向,由式(10-1)可知,光栅方程中只包含光栅常数 d 而与槽面形状无关,各级干涉极大的相对强度取决于单槽衍射强度分布曲线。对于多缝透射光栅而言,其最大的缺点就是入射光的能量大部分集中在没有色散的零级光谱上,而实际应用的只是其中的某一级谱线,因此谱线很弱。反射式闪耀光栅的基本出发点在于把单缝衍射的主极强方向从没有色散的零级转到某一级有色散的方向上,以增大该级谱线的强度。图 10-1 所示的反射光栅,每个衍射槽面的作用和单缝相同。可以证明,槽面衍射的主极强方向,正好是光在槽面发生几何光学反射的方向。因此,当满足光栅方程式(10-1)的某一波长的某一级衍射方向正好与槽面衍射主极强方向一致时,从这个方向观察到的光谱特

别强，与光滑物体表面的反射光一样耀眼，所以这一方向称为闪耀方向。入射光线、衍射光线与光栅法线、槽面法线的几何关系如图 10-3 所示。对光栅平面的法线而言，入射角、衍射角分别为 i、β（图 10-3 中画出的是入射光线与衍射光线在光栅法线同侧的情形）。显然，光栅法线与槽面法线之间的夹角等于光栅的闪耀角 θ，因此对衍射槽面，入射角为（$i-\theta$），反射角为（$\theta-\beta$）。根据上面的分析，实现闪耀的条件是（$i-\theta$）=（$\theta-\beta$），从而有

$$i + \beta = 2\theta \tag{10-4}$$

因此对某一波长而言，实现闪耀时 i、β、λ 除了满足光栅方程式（10-1），还必须同时满足式（10-4）。按照 littrow 方式布置的光栅，对于中心波长有 $i=\beta$，代入式（10-4），得到 $i=\theta$，即入射角 i 等于光栅的闪耀角 θ。因此入射光及衍射光均垂直于衍射槽面，如图 10-4 所示。把 $i=\beta=\theta$ 代入光栅方程，得

$$2d\sin\theta = m\lambda \tag{10-5}$$

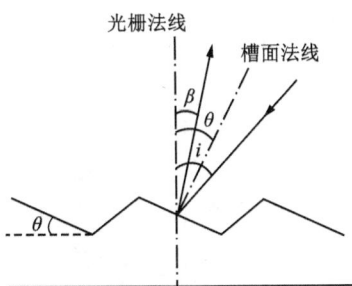

图 10-3　入射光线、衍射光线与
光栅法线、槽面法线的几何关系

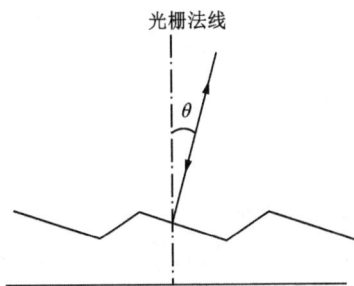

图 10-4　中心波长的入射与衍射方向

只要 i、β、λ 同时满足式（10-1）和式（10-4），对波长 λ 而言，也就满足闪耀条件，但通常却是把满足式（10-5）的波长称为闪耀波长。由于 m 可以取 $m=1, 2, 3, \cdots, n$，因此对一块确定的光栅（d、θ 一定）仍然有第一级闪耀波长、第二级闪耀波长等各种值，但在说明光栅规格时，闪耀波长通常指的是第一级闪耀波长。

由于 $d \approx a$（图 10-1），对满足闪耀条件的波长为 λ 的光的某一级光谱来说，由于同一波长的其他级（包括零级）光谱都几乎落在单槽衍射强度曲线的零点附近，如图 10-5 所示（单槽衍射主极强方向与 $m=1$ 的光谱线重合），这样就可以把 80% 以上的能量集中到闪耀方向上，对满足闪耀条件的波长来说，衍射效率最高。在它两侧的波长则不能同时满足闪耀条件，衍射效率下降，而且随干涉级次增加下降速度加快。当衍射效率下降太多时，谱线就很弱。经验表明，当光栅常数 d 较大（$d>2\lambda$）时，如果第一级闪耀波长为 λ_β，光栅适用范围可由下面经验公式计算

$$\frac{2}{2m+1}\lambda_\beta < \lambda < \frac{2}{2m-1}\lambda_\beta \tag{10-6}$$

式中：m 是所用的光谱级次，在此范围内，相对效率大于 0.4。

（3）光栅光谱仪参数。

①光栅光谱仪的色散。

光栅光谱仪的色散大小是描述仪器把多色光分解成各种波长单色光的分散程度。相邻两束单色光衍射角之差 $\Delta\beta$ 与波长差 $\Delta\lambda$ 之比称为光栅的角色散，当入射角 i 一定时，对

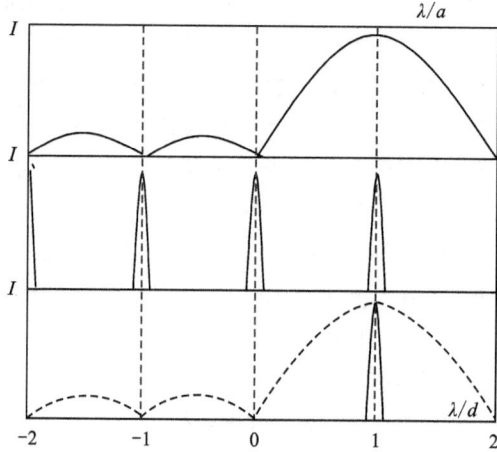

图 10-5 不同级次光谱的强度分布

式(10-1)微分并取绝对值，可得

$$\frac{\mathrm{d}\beta}{\mathrm{d}\lambda} = \frac{m}{d}\frac{1}{\cos\beta} \qquad (10\text{-}7)$$

可见干涉级越高或光栅常数 d 越小，角色散越大。由于 $\Delta\beta$ 是两束光线分开的角距离，使用不方便，实际测量的是它们在谱面上的距离 Δl 与 $\Delta\lambda$ 的比值，称为仪器的线色散，根据式(10-7)，线色散为

$$\frac{\mathrm{d}l}{\mathrm{d}\lambda} = f\frac{\mathrm{d}\beta}{\mathrm{d}\lambda} = \frac{mf}{d}\frac{1}{\cos\beta} \qquad (10\text{-}8)$$

习惯上经常使用线色散的倒数，它表示谱面上单位距离的波长间隔，常用单位是 Å/m 或 0.1 nm/m，显然线色散的倒数愈小愈好。

实际使用时，β 不能太大，而且在谱面范围内，β 的变化不大，因此 $\cos\beta$ 变化很小，从而 $\mathrm{d}\lambda/\mathrm{d}l$ 接近一个常量，亦即光栅具有均匀的色散。在谱面上得到的是接近于按波长均匀排列的光谱，这是与棱镜光谱仪显著不同的地方。

②光栅光谱仪的分辨率。

分辨率定义为谱线波长 λ 与邻近的刚好能分开的谱线波长差 $\Delta\lambda$ 之比，即 $R=\lambda/\Delta\lambda$。根据定义，可以求出理论分辨率。一块宽度为 b 的光栅(图 10-6)，其光栅常数为 d，刻线数为 N，它在衍射方向的投影宽度 $b'=b\cos\beta=Nd\cos\beta$。与单缝衍射一样，其衍射主极强半角宽度(最小可分辨角)为

$$\Delta\beta = \frac{\lambda}{b'} = \frac{\lambda}{Nd\cos\beta}$$

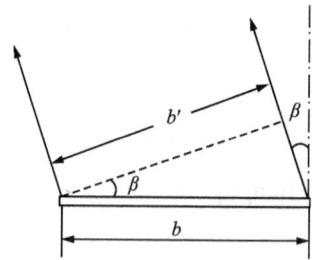

图 10-6 光栅在衍射方向的投影

而根据式(10-7)，如果两谱线刚好能被分开，它们的角距离应等于这个最小分辨角，即

$$\frac{m}{d\cos\beta}\Delta\lambda = \frac{\lambda}{Nd\cos\beta}$$

从而得到

$$R = \frac{\lambda}{\Delta\lambda} = mN \qquad (10-9)$$

可见为了提高分辨率,应在高级次下使用(10-9)较大的光栅(尺寸较大或每毫米刻线数较多)。如果将从光栅方程式(10-1)解出的 m 代入式(10-9),可得

$$R = \frac{Nd(\sin i \pm \sin \beta)}{\lambda} = \frac{b(\sin i \pm \sin \beta)}{\lambda} \qquad (10-10)$$

由于 $|\sin i \pm \sin \beta|$ 的最大值是 2,因此光栅可达到的最大分辨率为

$$R_{max} = \frac{2b}{\lambda} \qquad (10-11)$$

由式(10-10)、式(10-11)可知,光栅的分辨率受到光栅尺寸 b 及工作波长的限制,在大角度下工作可以提高分辨率,但当 i 和 β 接近 90°时,谱线太弱不适用。

由于各种原因,如光栅表面的光学质量、刻线间均匀性及其他光学元件质量的限制等,实际上达不到理论分辨率。在正常狭缝宽度时,实际分辨率在一级光谱中只能达到理论值的 70%~80%,在二级光谱中为 60%左右。狭缝正常宽度 s_0 为上述最小可分辨率角与准直透镜焦距 f 的乘积,即

$$s_0 = \frac{\lambda}{b'}f = \frac{\lambda f}{Nd\cos\beta} \qquad (10-12)$$

(二)光电倍增管

光电倍增管是利用外光电效应和次级电子发射现象将辐射能转换成电信号(光电流)并加以放大的电真空器件,它可以探测可见光子。光电倍增管是精确测定微弱光辐射的一种灵敏检测器件,由于它比真空光电管具有更高的灵敏度,而且不需要复杂的放大和指示设备,因此在近代技术中被广泛应用,已成为近代光电检测方法的主要器件,在天文物理、大气物理、空间科学、原子光谱学、化学、医学、军工、钢铁和通信等方面均被大量应用,在光谱学、光子计数、闪烁计数和光谱的快速分析方面更有特殊意义。

(1)光电倍增管的结构。

光电倍增管按其电极结构可分为盒式、直线聚焦式、百叶窗式。图 10-7 给出了百叶窗式及直线聚焦式光电倍增管结构示意图。

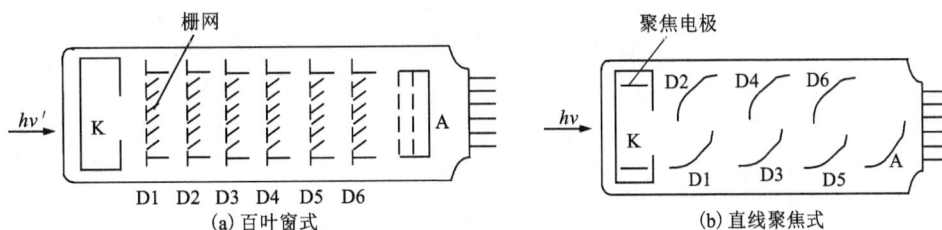

图 10-7 光电倍增管结构示意图

(a)百叶窗式   (b)直线聚焦式

直线聚焦式光电倍增管是把倍增极的形状和位置设计成能使电子在极间电场作用下聚焦到一个倍增极上,比如把具有高次发射系数的特殊合金附着在瓦形镍质电极表面

作为倍增极。百叶窗式光电倍增管则是在倍增极上加上栅网，以防止电子退回到前一倍增极上。不管哪种结构，它们组成光电倍增管的基本部分是相同的，即光窗、光阴极、倍增极和阳极。

光窗：光或射线的入射窗口，有端窗和侧窗两种。对不同透光要求，应选择不同的光窗玻璃。一般常用的国产 GDB-44 型光电倍增管的窗材料是硼硅玻璃，波长为 350.0~600.0 nm 的透光率为 90%以上。

光阴极：用于接收光子而产生光电子。有反射式和透射式之分，其材料多为 Sb-K-Cs 或 Sb-K-Na-Cs 等，都是量子效率大、光电子逸出功率较小的材料。后者多用于光谱仪或光子计数方面，其光谱响应较宽。

倍增极：用作产生次级电子的发射极，并使这些电子聚焦到下一倍增极。倍增极的数目为 8~13 个。它的材料多用 Sb-Cs、Sb-K-Cs、Ag-Mg 合金等。一般电子放大倍数为 10^8~10^9。

阳极：用于倍增后的电子收集，形成输出信号。一般用逸出功大的材料，如金属镍、钨等制成网状。

（2）外光电效应与次级电子发射。

①外光电效应。

在一个抽空的玻璃泡内壁上涂一层光电材料，成为光阴极 K，与电源的负极相连，电源的正极与管内的阳极 A 相连。当光辐射入射到光阴极后，电子从光阴极表面逸出而成为自由电子，这种现象称为外光电效应。光电子在光阴极与阳极之间的外电场作用下飞向阳极形成电流，这种电流称为光电流。外光电效应应遵守以下基本规律：

a. 在辐射光谱成分不变的条件下光电流 i 与引起光电效应的光通量 Ψ 成正比。

b. 被激发出来的光电子的动能与光的强度无关，光电子的最大动能与激发光的频率成正比。

c. 对给定的光阴极，激发光阴极的辐射光谱区存在一个长波限（红限）。

d. 光电效应是没有惯性的，其延迟时间 τ 小于 3×10^{-9} s。

规律 a 说明，光通量越大，光子数目越多，可能产生的光电子也越多。规律 b、c 是相关的，这是因为光电子的产生是由于光阴极在受到光照时，电子获得光子的能量 $h\nu$ 足以克服光阴极表面的束缚（束缚能用功函数 Φ 表示），它就会逸出光阴极表面而成为自由电子。所以光电子产生的条件是

$$h\nu \geqslant \Phi$$

如果 $h\nu=\Phi$，则电子的能量刚好使电子逸出阴极，但其逸出后动能为零。如果 $h\nu>\Phi$，则电子除去逸出阴极做功外，尚有剩余能量，这决定了光电子动能大小（因为光电子获得的动能，只与光的频率 ν 有关）。由于 $h\nu=h\lambda/c=\Phi$ 是产生光电子的极限条件，因此对于一定的光阴极材料，显然存在一个长波极限，这个极限是

$$\lambda_m = hc/\Phi \tag{10-13}$$

λ_m 取决于光阴极材料的功函数 Φ。现在能得到的光阴极材料功函数均在 1 eV 以上，因此光阴极材料的长波限均小于 1.2 μm。我们把只有一定波长的光辐射才能使光阴极材料产生光电子的现象称为光谱响应，用响应率（单位辐射功率产生的电信号大小）或量子效率（一个光子产生的电子数）来表征。

②次级电子发射。

次级电子发射现象是指在用能量(E_p)足够大的电子轰击物体表面时,该物体内部所发射的电子,次级电子的数目N_2可超过一次电子N_1许多倍。两种电子数的比值σ称为电子增益系数

$$\sigma = N_2/N_1 \tag{10-14}$$

次级电子发射遵循以下规律:

a. 次级电子发射同光电子发射一样无惯性。

b. 对于纯净的金属表面,σ值在原初电子能量E_p较小的区域内随E_p的增加而增加,并在某一E_p值时达到最大,然后再缓慢下降。

c. σ值随原初电子束与靶的入射角θ而改变,θ增大时对所有的E_p,σ都增大,而且E_p的极大值向大的方向移动。

d. σ值与表面情况有关,当表面无气体吸附层时,电子沿着法线方向落在金属表面,σ的最大值σ_m为1~1.4,当表面有吸附层时,σ_m可提高到3。

e. 对于给定的金属,若在表面覆盖一层另一种金属的单层分子来减小脱出功,将使σ增大,例如用钍激活钨,σ最大值从1.5增大到2.2,但σ值随覆盖层厚度的增加而减小,厚度为几百纳米时,便等于覆盖层金属的σ值。

f. 金属靶发出的次级电子能量大都为0~50 eV,在真正的次级电子中,以能量5~15 eV分布的电子居多,而且它们的能量分布与原初电子的能量无关,同时在原初电子束与靶的入射角θ改变时几乎不发生变化。

在光电倍增管中,次级电子发射极(倍增极)的表面通常涂布着锑酸铯、氧化镁、氧化铍薄膜,当一个电子打在这种靶上时,一般会发射出3~10个次级电子。光电倍增管是基于外光电效应与次级电子发射的联合作用,次级电子发射的基本规律决定了光电倍增管的基本特性。

(3)光电倍增管的工作原理与增益系数。

光电倍增管是建立在外光电效应与次级电子发射基础上的电真空器件。它的电极由光阴极K、阳极(集电极)A,以及在它们之间的n(8~13)个倍增极(次级电子发射极)D_n组成,这些电极按一定方式安置在真空管中,极间供给适当的直流电压,用来加速极间电子。图10-8是3个倍增极的光电倍增管工作原理图。

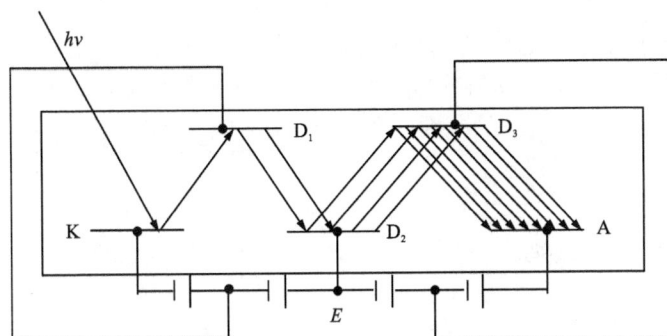

图10-8　光电倍增管工作原理图

在各电极间加上直流电压的条件下,当光辐射到光阴极 K 表面时,便产生光电子,形成阴极电流 i_K,光电子在 K 和 D_1 之间被电场加速飞向倍增极 D_1,在 D_1 上引起次级电子发射,次级电子数是原电子数的 σ 倍(σ 为倍增极的增益),这些电子被 D_1 和 D_2 之间的电场加速,打在倍增极 D_2 上,从 D_2 轰击出次级电子,其数值又增加 σ 倍,如此继续下去,电子逐一在各个倍增极上倍增,从最后一个倍增极 D_n 上出射的电子数是光电子的 σ^n 倍,这些电子被阳极 A 收集成为阳极电流,称为光电流。光电倍增管阳极输出的光电流为

$$i_A = i_K \sigma^n \qquad (10\sim15)$$

或

$$i_A/i_K \equiv M = \sigma^n \qquad (10\text{-}16)$$

式中:M 称为光电倍增管的增益系数。式(10-16)实际不能满足实验要求,这是因为各个次级发射电子的次级电子增益系数彼此不尽相同(尽管所用材料相同),同时由于存在电子散射,电子不能完全打到下一个倍增极上,散射电子对放大电子数目没有贡献,上述原因使增益系数 M 减小。所以光电倍增管中,某一级的次级电子数是入射电子数的 m 倍($m \leq \sigma$),因此实际增益系数为 $M = m^n$,σ 与极间电压有关,所以 M 也与电压有关。

(三)线阵 CCD 光探测器性能

光谱仪的光探测器可以有光电管、光电倍增管、硅光电管、热释电器件和 CCD 等多种。CCD(charge coupled device)是电荷耦合器件的简称,是一种金属-氧化物-半导体结构的新型器件,具有光电转换、信息存储和信号传输(自扫描)的功能,在图像传感、信息处理和存储方面有着广泛的应用。对光敏感的 CCD 常用作图像传感和光学测量。探测光栅光谱的线阵 CCD 能在曝光时间内探测一定波长的所有谱线,因此在新型光谱仪中得到广泛的应用。通常把同时获取光谱仪上各个波长的光谱探测器称为多道探测器。由多道探测器、计算机及传统的光谱仪构成的新型光谱仪器称为光学多道分析仪。在本实验中,衍射光谱经透镜会聚,成像于 CCD 光敏面。利用 CCD 的光电转换功能,将其转换为电信号"图像",并由荧光屏显示。

CCD 器件的主要性能指标如下。

①分辨率。

用作测量的器件最重要的参数是空间分辨率。CCD 的分辨率主要与像元的尺寸有关,也与传输过程中的电荷损失有关。目前,CCD 的像元尺寸一般为 10 μm 左右。

②灵敏度与动态范围。

理想的 CCD 要求有高灵敏度和宽动态范围。灵敏度主要与器件光照的响应度(V/lx·s)和各种噪声(如光子噪声、暗电流和电路噪声等)有关。动态范围是指在光照度有较大变化时,器件仍然能保持线性响应的范围。它的上限由最大存储电荷容量决定,下限被噪声限制。

③光谱响应。

光谱响应是指光谱响应的范围,目前硅材料的 CCD 光谱响应范围为 400 nm ~ 1100 nm。

(四)光谱分析

氢原子的结构最简单,是一种典型的最适合于进行理论与实验比较的原子,它的线光

谱具有明显的规律，早就为人们所注意，各种原子光谱线的规律性的研究正是首先在氢原子上得到突破的。20 世纪上半叶对氢原子光谱的研究在量子论的发展中多次起到过重要作用。1913 年，玻尔建立了半经典的氢原子理论，成功地解释了包括巴耳末系在内的氢光谱的规律。事实上，氢的每一条谱线都不是一条单独的线，都具有精细结构，不过用普通的光谱仪器难以分辨，因而被当作一条单独的线。1916 年，索末菲考虑到氢原子中电子在椭圆轨道上近日点的速度已接近光速，他根据相对论性力学修正了玻尔理论，得到氢原子能级精细结构的精确公式，但这仍是一个半经典理论的结果。1925 年，薛定谔建立了波动力学（即量子力学中的薛定谔方程），重新解释了玻尔理论所得到的氢原子能级。不久海森伯和约丹（1926 年）根据相对论性薛定谔方程推得一个在理论基础上比索末菲研究更坚实的结果，将该结果与托马斯（1926 年）推得的电子自旋轨道相互作用的结果合并起来，就得到了精确的氢原子能级精细结构公式。尽管如此，根据该公式所得巴耳末系第一条的（理论）精细结构与不断发展着的精密测量中所得实验结果相比，仍有百分之几的微小差异。1947 年，蓝姆和李瑟福用射频波谱学方法，进一步肯定了氢原子第二能级中轨道角动量为零的一个能级确实比上述精确公式预言的能级高出 1057 MHz（乘以普朗克常数即得相应的能量值），这就是有名的蓝姆移动。直到 1949 年，科学家们利用量子电动力学理论将电子与电磁场的相互作用考虑在内，这一事实才得到了解释，成为量子电动力学的一项重要实验依据。

在可见光区域氢的谱线可以用巴耳末经验公式（1885 年）来表示，即

$$\lambda = \lambda_0 \frac{n^2}{n^2 - 4} \tag{10-17}$$

式中：n 为整数 3，4，5，$\cdots$，n。通常称这些氢谱线为巴耳末系，为了更清楚地表明谱线分布规律，将式（10-17）改写作

$$\frac{1}{\lambda} = \frac{4}{\lambda_0}\left(\frac{1}{4} - \frac{1}{n^2}\right) = R_H\left(\frac{1}{2^2} - \frac{1}{n^2}\right) \tag{10-18}$$

式中：R_H 为氢的里德伯常数。式（10-18）右侧的整数 2 换成 1，3，4，$\cdots$，n，可得氢的其他线系。以这些经验公式为基础，玻尔建立了氢原子的理论（玻尔模型），从而解释了气体放电时的发光过程。根据玻尔理论，每条谱线对应于原子从一个能级跃迁到另一个能级所发射的光子。按照这个模型得到的巴耳末系的理论公式为

$$\frac{1}{\lambda} = \frac{1}{(4\pi\varepsilon_0)^2}\frac{2\pi^2 m e^4}{h^3 c\left(1 + \frac{m}{M}\right)}\left(\frac{1}{2^2} - \frac{1}{n^2}\right) \tag{10-19}$$

式中：ε_0 为真空介电常数；h 为普朗克常数；c 为光速；e 为电子电荷；m 为电子质量；M 为氢核的质量。这样，不仅对巴耳末经验公式作了物理解释，而且把里德伯常数和许多基本物理常数联系了起来，即

$$R_H = R_\infty\left(1 + \frac{m}{M}\right)^{-1} \tag{10-20}$$

式中：R_∞ 为将核的质量视为 ∞（假定核固定不动）时的里德伯常数。

$$R_\infty = \frac{1}{(4\pi\varepsilon_0)^2}\frac{2\pi^2 m e^4}{h^3 c} \tag{10-21}$$

比较式(10-18)和式(10-19)，可以看到它们在形式上是一样的。因此，式(10-19)和实验结果的符合程度，成为检验玻尔理论正确性的重要依据之一。实验表明，式(10-19)与实验数据的符合程度是相当高的。当然就其对理论发展的作用来讲，验证式(10-19)在目前的科学研究中已不再是问题。但是由于里德伯常数的测定相比一般的基本物理常数可以达到更高的精度，因而成为调准基本物理常数值的重要依据之一，占有很重要的地位，目前的公认值为：

$$R_\infty = (10973731.534 \pm 0.013) m^{-1} \tag{10-22}$$

设 M 为质子的质量，则 $m/M = (5446170.13 \pm 0.11) \times 10^{-10}$，代入式(10-22)中可得

$$R_H = (10967758.306 \pm 0.013) m^{-1} \tag{10-23}$$

三、实验仪器

钠灯电源、汞灯电源、钠灯、汞灯、WDS 系列组合多功能光栅光谱仪、光电倍增管、CCD、计算机。实验仪器框图见图 10-9。

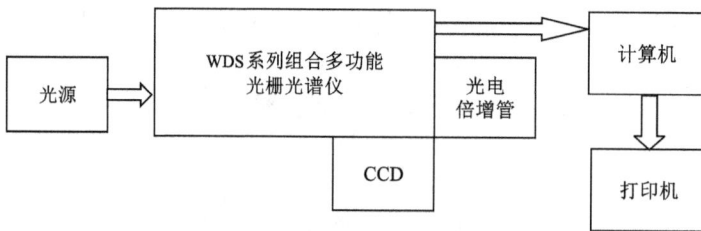

图 10-9　实验仪器框图

其中，WDS 系列组合多功能光栅光谱仪及其应用软件的使用详见使用说明书。

四、实验内容和步骤

(1)阅读相关材料，熟悉仪器功能及实验原理。

(2)熟悉仪器结构与面板接线。

(3)阅读仪器使用说明书，按程序进入实验系统操作软件，熟悉软件界面与操作。

(4)选用光电倍增管作光谱接收端，利用已知特征波长的 Na 光源(Na 双线波长分别为 588.9963 nm 和 589.5930 nm)进行波长定标。

(5)用已经定标的界面测量氢光源的光谱线波长，标注并打印作为实验报告的原始数据。在可见光范围内，氢谱线中对应式(10-18)中 $n = 3, 4, 5$ 和 6 的波长值约为 656 nm，486 nm，434 nm 和 410 nm。由氢谱线波长找出合适的 n 值，利用式(10-18)计算氢的里德伯常数 R_H。空气折射率采用 $N = 1.000285$。

(6)用同样的方法测量其他所给光源特征波长。

(7)光电倍增管换为 CCD，进行同样的测量。

几种常用于定标的原子特征波长见表 10-1。

表 10-1 几种常用于定标的原子特征波长

Hg	λ/nm	404.656	407.783	433.922	434.749	435.883	491.607
	相对强度	1800	150	250	400	4000	80
	λ/nm	546.074	576.960	579.066	607.272	623.440	690.752
	相对强度	1100	240	280	20	30	250
	λ/nm	708.190	709.186				
	相对强度	250	200				
He	λ/nm	388.8	402.6	447.1	492.1	501.6	587.5
	特征	紫	紫	蓝	绿	绿	黄
	λ/nm	667.8	706.5				
	特征	红	红				
Ne	λ/nm	453.7	457.5	470.4	478.8	479.0	533.0
	特征	蓝	蓝	青	青	青	绿
	λ/nm	534.1	535.8	540.0	585.2	588.1	596.5
	特征	绿	绿	绿	黄	黄	黄
	λ/nm	614.3	626.6	633.4	638.2	640.2	650.6
	特征	橙红	橙红	红	红	红	红
	λ/nm	659.8	682.9	717.3	724.5	743.8	748.8
	特征	红	红	红	红	红	红

五、数据处理和结果分析

下载保存或拍摄光谱图，打印光谱图贴在实验报告相应位置，对照所测光源已知谱线图分析扫描结果。

六、思考题

1. 不同光源的特征波长为什么不一样？
2. 为什么要严格控制入射狭缝的大小？

注意事项

1. 对于光电倍增管，不得曝光，特别是加上高压时；不能用强光照射；在高压下工作时，注意人身安全。

2. 光栅光谱仪是贵重仪器，调节应当仔细小心。调节狭缝宽度时不能使刀口片处于接触状态（转鼓上指示数必须大于零），更不能压紧。动手调节狭缝宽度前，必须先清楚往什么方向调节使狭缝变窄（示数减小），往什么方向调节使狭缝变宽（示数增大），以免损坏仪器。

学科前沿研究和应用案例——光谱仪与光谱技术领域

光谱仪能够直接反映物质的光谱信息，得到目标的存在状况与物质成分，是材料表征、化学分析等领域重要的测试仪器之一，已广泛应用于空气污染、水污染、食品卫生、金属工业等的检测中。随着光谱分析领域的快速发展，对光谱仪尺寸、成本和功耗的要求日益提高，对手持、便携、集成式光谱分析器件的尺寸要求达到亚毫米量级[1-6]。

上海交通大学的蔡伟伟研究员、浙江大学的杨宗银研究员等人在 *Science* 上发表了综述文章 *Miniaturization of optical spectrometers*，将微型光谱仪归纳为四大类(图10-10)，即色散型(dispersive optics)、窄带滤波型(narrowband filters)、傅里叶变换型(fourier transform)和计算重建型(reconstructive)，并详细介绍了它们的工作原理和优缺点[1, 2]。

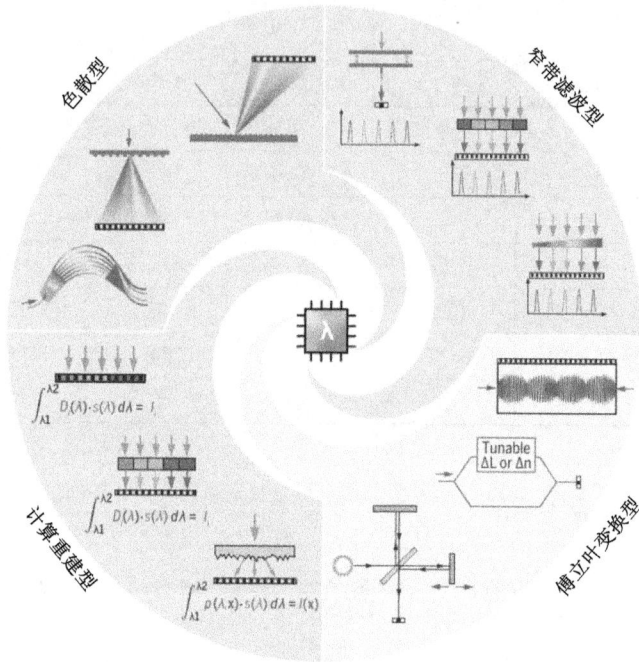

图 10-10　微型光谱仪的分类

1. 色散型

色散型光谱仪一般由一个或多个衍射光栅、一段光程以及一个探测阵列组成。光通过入射狭缝被准直照射在衍射光栅上，衍射光栅将光谱成分分散到不同的方向，最后由凹面镜将分散的光聚焦到探测器阵列上得到光谱分布，如图10-11(a)所示。这种光谱仪拥有超高分辨率、宽光谱范围和成熟的技术路线，被广泛使用在各个领域，但其依赖于笨重的色散元件、长光程等，难以实现尺寸的压缩[2]。

通过缩短光程、简化光路与利用微纳制造减小元件尺寸等方法可实现光谱仪尺寸的压缩，但是这些方法会降低光谱分辨率和仪器性能。采用凹面光栅[图10-11(b)]、光栅-菲涅耳透镜[图10-11(c)]等作为衍射元件能够省略准直和反射元件，实现系统尺寸的压缩，并且已经实现了商业应用。

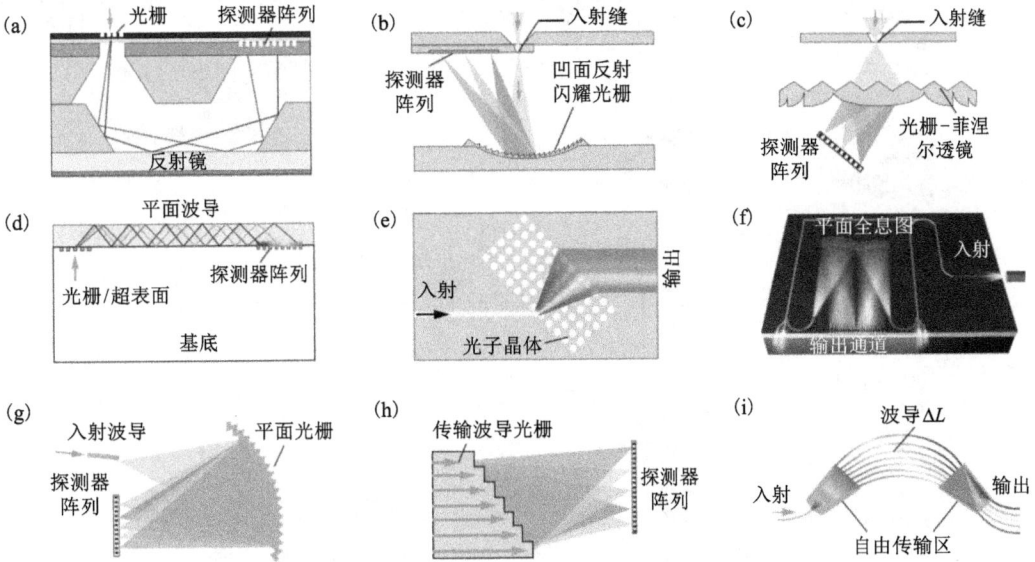

图 10-11 空间色散微光谱仪

波导作为自由空间光学的替代品，可以通过倏逝耦合来测量入射光光谱或被分析物的吸收光谱，能够压缩光谱仪尺寸而不影响性能。在波导平面上加入光栅、光子晶体、全息元件、平面阶梯光栅、透射波导光栅、阵列波导光栅等色散元件，分别如图 10-11(d) ~ 图 10-11(g)所示，能够进一步压缩光谱仪的尺寸；但制造误差、波导损耗和波导耦合等问题还亟待解决。

2. 窄带滤波型

窄带滤波型光谱仪能够有选择性地传输特定波长的光，实现对光谱的检测，器件平面化且不需要长光程，因此在系统小型化方面具有极强的优势。其主要分为可调滤波片型光谱仪和滤波器阵列与线性可变滤波器。

(1)可调滤波片型光谱仪。

声光可调滤波器(AOTF)、液晶可调滤波器(LCTF)、Fabry-Pérot 滤波器和微环谐振器等能够通过施加电压或声波信号来分离光谱成分，实现对光谱快速动态的调控。可调 Fabry-Pérot 滤波器由厚度可变的谐振腔组成，通过改变腔长(d)、介质折射率(n)、入射角度(θ)即可实现透射波长的变化，但高光谱分辨率 Fabry-Pérot 光谱仪需要高反射率腔，而高反射率腔则对应低透射率和低信噪比。

(2)滤波器阵列与线性可变滤波器。

滤波片阵列的每个滤波片能够将特定波长的光谱传输到光电探测器上，已经被应用于许多微型光谱仪中。滤波片阵列由 Fabry-Pérot 标准具[图 10-12(a)]、薄膜、平面光子晶体、超构表面、波导环形谐振腔[图 10-12(b)]等组成，每个滤波片对应不同的透射波长，通道数量越多，光谱分辨率越高。

采用楔形或组合渐变的线性可变滤波器的透射或反射光谱能够沿着滤波器的一个轴连续变化，实现宽谱段滤波[图 10-12(c)、图 10-12(d)]。此外，还可以令滤波片在单个探测器上滑动，通过扫描频谱实现连续滤波，但是这种方法相对缓慢且需要额外的移动部件。

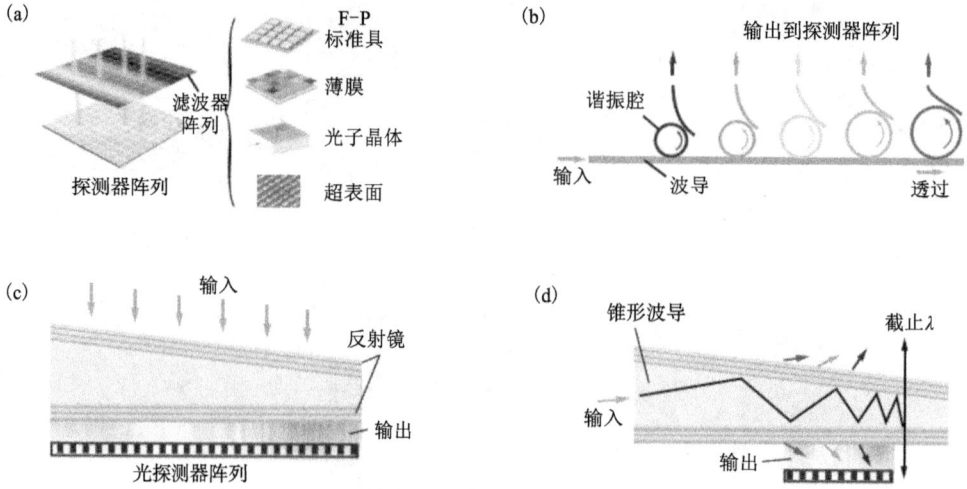

图 10-12　窄带滤波阵列型光谱仪与线性可变型窄带滤波光谱仪

3. 傅里叶变换型

傅里叶变换型(FT)光谱仪通常用于红外吸收或发射光谱的测量，通过对探测器得到的干涉图进行傅里叶变换获得待测光谱，具有信噪比高、尺寸小、成本低的优势。其根据干涉仪内的光程长度随时间变化的机制分为移动式和固定式两种。

移动式基于迈克耳逊干涉仪[图 10-13(a)]，利用静电、电磁或电热驱动的微机电系统操纵反射镜，但难以与平面光源集成且光谱分辨率受限于驱动器的行程。固定式基于马赫-曾德尔干涉仪，入射光被分成不同光路产生相位差，或利用干涉仪阵列形成空间外差[图 10-13(b)]，但这种光谱仪尺寸受限于光程差和干涉仪个数。

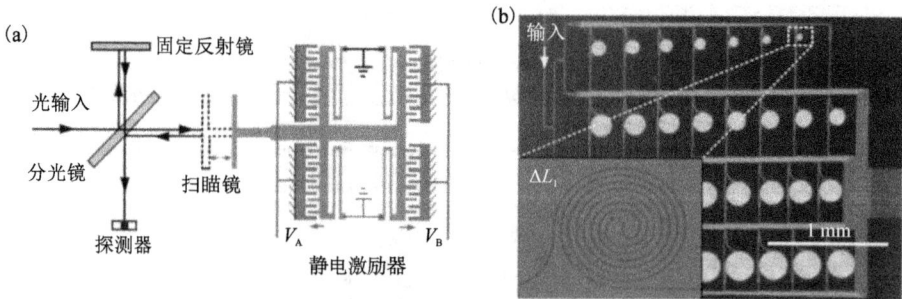

图 10-13　傅里叶变换型微型光谱仪

4. 计算重建型

随着计算技术的发展，出现了一种新的光谱仪类型，可通过计算来近似或"重建"入射光光谱。其主要分为光谱–空间映射型和光谱响应调制型。

（1）光谱–空间映射型。

基于光栅的传统光谱仪中，光谱域的一个点（一个波长）被映射到空间域的一个点（一个探测器），这种一对一的光谱–空间映射极大限制了对空间占用的减少和光谱分辨率的提高。计算重建型采用一对多的复杂映射，为不同波长创建不同的特征谱。待测光谱的本质就是这些特征谱权重值的集合，通过求解线性方程组得到编码在其中的待测光谱分布。特征谱之间的差异性决定了重构光谱仪的分辨率，差异性越大，光谱分辨率越高（图10-14）。但因为温度变化会影响不同波长的特征谱，所以该类型的微型光谱仪易受温度变化的影响。

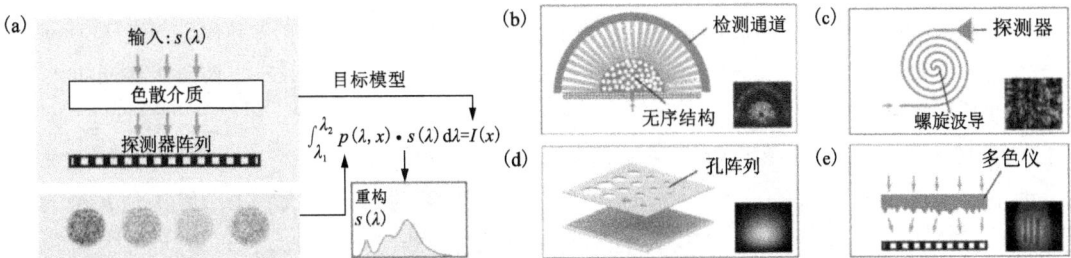

图10-14　光谱–空间映射型光谱仪

（2）光谱响应调制型。

通过设计探测器或将光学元件与探测器集成等方法为每个探测器定制不同的光谱响应，通过求解探测器的光谱响应函数获得待测光谱。这种类型的光谱仪需要单独设计加工滤波器和探测器阵列，增加了制造复杂性，限制了系统小型化。

微型光谱仪的发展潜力巨大。光栅色散型、基于微机电系统的可调滤波型和傅里叶变换型微型光谱仪已经实现了商业化应用，并且随着计算技术的快速发展，因小型化而导致的检测性能下降问题也将进一步解决。微型光谱仪将在智能手机、卫星和无人机、可穿戴设备等应用中出现，为农业、矿物、医学、公共消费等领域开辟新的道路。

参考文献

[1] 靳淳淇. 微型光谱仪的30年进展[EB/OL]. 中国光学微信号, https://mp. weixin. qq. com/s? __biz=MzU5NjM5Njc2Mw==&mid=2247505733&idx=1&sn=d4b691d002661bf0e625b22a3a6e98be&chksm=fe61c8f1c91641e755b5fd9980afc2c82a06af2876c9f5617dffb50453421d208cee84c5e1f1&scene=27.

[2] Yang Z, Albrow-Owen T, Cai W, et al. Miniaturization of optical spectrometers[J]. Science, 2021, 371(6528).

[3] Schuler L P, Milne J S, Dell J M, et al. MEMS-based microspectrometer technologies for NIR and MIR wavelengths[J]. J. Phys., 2009, 42(13): 133001-133013.

[4] Malinen J, Rissanen A, Saari H, et al. Advances in miniature spectrometer and sensor development[J]. Proc. SPIE, 2014, 1901.

[5] Manley M. Near-infrared spectroscopy and hyperspectral imaging: Non-destructive analysis of biological materials[J]. Chem. Soc. Rev. 2014, 43: 8200-8214.

[6] McGonigle A J S, Wilkes T C, Pering T D. Smartphone Spectrometers[J]. Sensors 2018, 18: 223.

拓展阅读

重视实验　严谨务实

牛顿早在 1666 年就通过玻璃棱镜把太阳光分解成了各种颜色的光谱，这可算作最早的光谱研究。但直到 1802 年，渥拉斯顿才观察到光谱线。1814—1815 年，夫琅禾费发现了太阳光谱中的许多条暗线，即夫琅禾费暗线。

物理学家古斯塔夫·罗伯特·基尔霍夫(Gustav Robert Kirchhoff)与化学家罗伯特·威廉·本生(Robert Wilhelm Bunsen)在 19 世纪 60 年代证明光谱学可以用作定性化学分析的新方法，并利用这种方法发现了几种当时还未知的元素，如铯、铷等，且证明了太阳中存在着多种已知的元素。

从 19 世纪中叶起，氢原子光谱是光谱学研究的重要课题之一。1885 年，从事天文测量的瑞士科学家巴耳末给出了一个关于氢原子谱线位置的经验公式，这一组谱线被称为巴耳末系。1889 年，瑞典光谱学家里德伯发现碱金属原子的光谱系，并给出相应的简单公式。

1896 年，塞曼把光源放在磁场中，观察到磁场对光三重线，且谱线都是偏振的，这就是塞曼效应。塞曼效应是研究复杂光谱的实用方法之一。

1913 年，玻尔对氢原子光谱线的波长作出了明确的解释，但并不能解释所观测到的原子光谱的各种特征。如今，人们知晓只有量子力学才能够完备地解释光谱线的成因，光谱分析已成为研究原子和分子结构的重要手段。

通过光栅光谱仪与光谱分析实验来验证巴耳末经验公式，测量里德伯常数，可以学习前辈科学家精湛的实验技术、严谨的科学态度及坚韧不拔的探索精神。光谱学的发展史，以及科学家们在光谱学的理论研究与实际应用上前赴后继刻苦钻研的精神，激励我们仔细观察实验现象，认真总结物理规律，潜心研究物理机制，培养严谨务实的科学品格，提高独立思考、发现问题和解决问题的能力。

实验十一
光磁共振实验

一、实验目的

1. 掌握光抽运—磁共振的原理和实验方法。
2. 研究原子超精细结构塞曼能级间的磁共振。
3. 探测光抽运信号和光磁共振信号。
4. 测定铷同位素 ^{87}Rb 和 ^{85}Rb 的 g_F 因子，测定地磁场。

二、实验原理

光磁共振是使原子、分子的光学频率的共振与射频或微波频率的磁共振同时发生的一种双共振现象。法国科学家卡斯特勒提出并在实验中验证了这一现象，并基于此最早实现了粒子数反转，为发明激光器奠定了重要基础。1966 年诺贝尔物理学奖被授予法国巴黎高等师范学校的卡斯特勒，以表彰他发现研究原子中赫兹共振的光学方法。光磁共振方法很快就发展成为研究原子物理的一种重要的实验方法。它大大地丰富了我们对原子能级精细结构和超精细结构、能级寿命、塞曼分裂和斯塔克分裂、原子磁矩和 g 因子、原子与原子间以及原子与其他物质间相互作用的了解。利用光磁共振原理可以制成测量微弱磁场的磁强计，也可以制成高稳定度的原子频标。

光抽运(或光泵)技术巧妙地将光抽运、磁共振和光探测技术综合起来，用以研究气态原子的精细和超精细结构，克服了用普通方法对气态样品观测时共振信号非常微弱的困难。用这个方法可以使磁共振分辨率提高到 10^{-11}T。本实验以天然 37 号元素铷(^{87}Rb 和 ^{85}Rb)为样品，核外电子状态为 $1s^2 2s^2 2p^6 3s^2 3p^6 3d^{10} 4s^2 4p^6 5s^1$，研究碱金属铷原子的基态 $5^2S_{1/2}$ 磁共振。

加外磁场使原子能级分裂，光照使原子从基态跃迁到激发态，特别是从 $5^2S_{1/2}$ 态向 $5^2P_{1/2}$ 态跃迁，跃迁过程吸收光子因而检测到的光信号微弱。当偏极化饱和时，跃迁吸收停止，检测到的光信号又增强到光源的强度。

(一)铷(Rb)原子能级的超精细结构和塞曼分裂

铷的两种同位素 ^{87}Rb 和 ^{85}Rb 的核自旋量子数 I 分别是 3/2 和 5/2。原子能级的超精细结构是原子的核磁矩和电子磁矩的耦合作用而形成的。当原子处于弱磁场 B 中时，原子的总磁矩和外磁场发生作用，造成能级分裂并形成等间距的塞曼能级，其能量为（$\mu_B = 9.274 \times 10^{-24}$ J/T，真空磁导率 $\mu_0 = 4\pi \times 10^{-7}$ H/m）：

$$E = -\vec{\mu} \cdot \vec{B} = g_F m_F \mu_B B; \quad m_F = F, F-1, \cdots, -F$$

$$F = I + J, I + J - 1, \cdots, |I - J|; \quad J = L + S, L + S - 1, \cdots, L - S \quad (11-1)$$

$$g_J = 1 + \frac{J(J+1) - L(L+1) + S(S+1)}{2J(J+1)},$$

$$g_F = g_J \frac{F(F+1) + J(J+1) - I(I+1)}{2F(F+1)} \quad (11-2)$$

式中：F 为原子的总角动量量子数；S 为外层电子自旋角动量量子数；L 为外层电子轨道角动量量子数；J 为核外层电子轨道角动量 L 与电子自旋角动量 S 耦合 $L+S$ 的量子数。原子感受到的外磁场 B 可以分解为水平磁场 $B_{//}$ 和垂直磁场 $B_{\perp}$，水平磁场 $B_{//}$ 包括地磁场 $B_{E//}$、水平磁场 B_h、水平扫描磁场 B_s，垂直磁场为 B_v，即 $B_{\perp} = B_v + B_{E\perp}$，$B_{//} = B_{E//} + B_h + B_s$。如果选择垂直场电流方向和电流大小，使外加垂直磁场正好抵消地磁场垂直分量，即 $-B_v + B_{E\perp} = 0$，则铷原子感受到的外磁场只有水平分量 $B_{//} = B_{E//} + B_h + B_s$，由于磁场存在形成的相邻塞曼能级能量差为（最小可取 $\Delta m_F = 1$）

$$\Delta E = \Delta m_F g_F \mu_B B = \Delta m_F g_F \mu_B (B_h + B_s + B_{E//}) \quad (11-3)$$

原子状态可用 $^{2S+1}X_J$ 表示，而且当 $L = \{0, 1, 2, 3, \cdots, n\}$ 时，$X = \{S, P, D, F, \cdots\}$。铷原子的基态为 $5^2S_{1/2}$，即 $L=0$，$S=1/2$，$J=1/2$。^{87}Rb 的 $F=2$ 和 1，$m_F = 2, 1, 0, -1, -2$，如图 11-1 所示。^{85}Rb 的 $F=3$ 和 2，$m_F = 3, 2, 1, 0, -1, -2, -3$，最低激发态为 $5^2P_{1/2}$ 和 $5^2P_{3/2}$ 双重态。考虑 $5^2P_{1/2}$，即 $L=1$，$S=1/2$，$J=1/2$，^{87}Rb 的 $5^2P_{1/2}$ 到 $5^2S_{1/2}$ 的跃迁产生 794.8 nm 的 D_1 线（能量差为 0.2486 eV），$5^2P_{3/2}$ 到 $5^2S_{1/2}$ 的跃迁产生 780 nm 的 D_2 线（能量差为 0.2533 eV）。$5^2P_{3/2}$ 比 $5^2P_{1/2}$ 的能量高了 0.0047 eV。

（二）光抽运效应

若以波长为 794.8 nm 的 σ^+（左旋圆偏振）光照射 ^{87}Rb 时，$5^2S_{1/2}$ 态的原子会产生共振吸收而跃迁到 $5^2P_{1/2}$，因为跃迁服从 $\Delta F = 0, \pm 1$ 和 $\Delta m_F = 0, \pm 1$ 的选择定则，又因为照射样品的光是 σ^+ 共振（左旋圆偏振）光，所以 Δm_F 只能为 +1，因而 $5^2S_{1/2}$ 态中除 $m_F = 2$ 之外的 7 个子能级的原子都以相同的概率向上跃迁到 $5^2P_{1/2}$ 态的 8 个子能级中。而因 $m_F = 2$ 的原子未参与跃迁，所以 $m_F = 2$ 的基态上的原子数目未减少。当 $5^2P_{1/2}$ 态的原子发生自发或受激辐射而返回 $5^2S_{1/2}$ 时，仍服从 $\Delta F = 0, \pm 1$ 和 $\Delta m_F = 0, \pm 1$ 的定则，$5^2S_{1/2}$ 的 $m_F = 2$ 子能级的原子数又会增加。经过这样一轮循环，$m_F = 2$ 基态上的原子数量便增加了。这样持续进行下去达到一个平衡，$m_F = 2$ 基态上的原子数量便会显著地增加。这种现象被称作样品的"偏极化"，即光泵（抽运）效应。

抽运现象开始一小段时间里，样品中大量铷原子吸收 794.8 nm 的 σ^+ 共振光能量后，按照 $\Delta m_F = +1$ 的规则跃迁到 8 个激发态中的某一个态上去，致使穿出样品的光强度急剧减弱。但处在激发态的原子经过一定时间后会自发辐射发出光子而回到基态，因而抽运发生时经过短暂的时间后从样品出射的光强会逐渐增大。抽运达到饱和时，样品停止吸收光

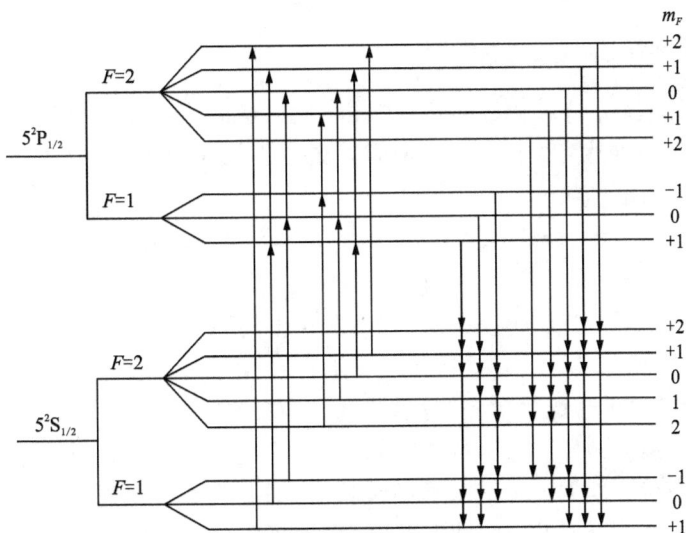

图 11-1　^{87}Rb 吸收和自发跃迁示意图

能量(因为几乎全部样品原子都到达了 $m_F = +2$ 的基态,这个状态的原子不能吸收光源发出的光子而跃迁到激发态),这时由样品出射的光强达到最大,记录从样品出射的光强随时间变化的情况就形成了光抽运信号。特别注意,当外加磁场消失后,能级分裂消失,偏极化也随之消失。如果所加外磁场使样品铷原子感受到的磁场方向不变且不为 0,那么出射光强只在刚开始出现急剧减弱,短时间后将逐渐增大到光源的强度而不再减弱。因此只有使样品原子气体处在周期外磁场中,抽运信号才会周期出现,才能被观察到。

抽运信号最强时,样品原子感受到的只有周期变化的水平方向上的(无直流成分的)方波扫描磁场,即总垂直磁场为 0,外加水平磁场与地磁水平分量将水平扫场调整为正负对称的无直流方波。如果外加(水平和垂直)磁场的方向和大小没有调整至这种程度,抽运信号不会出现,即使出现也很微弱。根据这一原理,观测抽运现象时,必须使外加水平磁场的方向与地磁水平分量方向相反,而且记下抽运信号最强时的水平磁场和垂直磁场电流,可以用式(11-4)计算垂直分量,并初步估算地磁水平分量

$$B = \frac{\mu_0}{4\pi} \frac{32\pi}{5^{3/2}} \frac{NI}{r} = 8.99176 \times 10^{-7} \frac{NI}{r} \tag{11-4}$$

式中:N 是亥姆霍兹线圈的圈数;I 是流入线圈单根导线中的电流,A;r 是两线圈间的距离,也是线圈半径,m。B 的单位是特斯拉(T),1 特斯拉 = 10000 高斯(1 T = 10^5 Gs)。

(三)弛豫过程

样品铷原子气体处于偏极化状态时,由于原子间相互非弹性碰撞或原子与容器壁的非弹性碰撞,将失去量值为 $g_F\mu_B(B_h + B_s + B_{E//})$ 的能量,结果样品铷原子气体将重新趋向于热平衡状态(即 8 个基态上都有一定的原子数,而不仅仅是 $m_F = +2$ 的基态上才有大量原子),这个过程叫"弛豫过程"。为减少弛豫过程的影响,应增大光源的强度,并选择合适的样品原子气体温度,以及在样品容器内充惰性气体以减少铷原子之间的碰撞。

(四)射频诱导跃迁(光磁共振)

光抽运过程完成后,样品偏极化达到饱和,此时样品原子停止吸收光源光子,光源的光子几乎全部出射而到达光电检测计。此时若加一频率为 ν 的偏振射频磁场,其能量等于塞曼能级间距,即满足

$$h\nu = \Delta E = |\Delta m_F||g_F||\mu_B||B| = |\Delta m_F||g_F||\mu_B||B_h + B_s + B_{E/\!/}|,$$
$$|\Delta m_F| = 1, 2, 3, 4 \ (\text{一般取1}) \tag{11-5}$$

此时就会形成诱导跃迁,使处在 $m_F = +2$ 能级上的原子跃迁到其他基态子能级,$m_F = +2$ 能级原子数量的减少又导致光抽运作用增加,从而使样品原子气体在一定时间段内大量吸收 σ^+ 光的能量而跃迁到激发态,这就是塞曼能级之间的共振,叫作光磁共振。为满足共振时的角动量守恒的条件,所加的射频磁场是一个垂直于水平磁场方向的线偏振场,起作用的是其中的右旋圆偏振分量。水平场形成原子能级分裂,垂直射频磁场使偏极化原子跃迁到相邻塞曼能级而退出偏极化状态。注意:当所加的射频磁场不是标准的,则其中将含有各次幅度较小的谐波。

(五)光抽运信号和光磁共振信号的探测

当发生光抽运现象和光磁共振现象时,样品吸收从铷光灯发出的光能,从样品射出的光束强度变弱,我们用光电探测器可以探测到这些由于抽运和共振现象而产生变化的光信号,这些光信号要比塞曼能级之间的跃迁信号强 7~8 个数量级。因此,利用光磁共振的方法可以研究原子内部的超精细结构,测量微弱磁场。

三、实验内容和步骤

(一)观察抽运信号

水平场与水平地磁场反向,扫场任意(大小适中),调节水平场的电流,使每一周期的信号高度完全相同,则说明零点已调到位(即水平场与地磁水平分量大小相等、方向相反,水平方向只剩水平扫场)。然后再调节垂直场电流,使抽运信号最强,这时垂直地磁场已被外加垂直场完全抵消。用此时的垂直场电流读数 I_v 代入式(11-4),即可求得地磁场的垂直分量,注意 $N=100$,$r=0.153$ m。光抽运信号和扫场波形如图11-2所示。

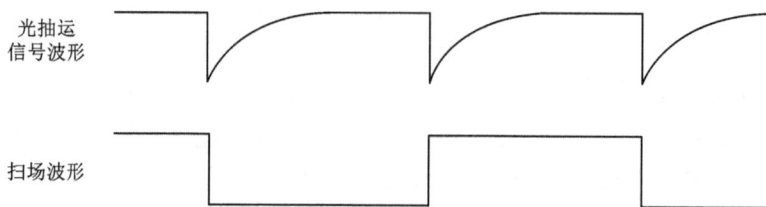

图11-2 光抽运信号和扫场波形

(二)搜索共振信号

水平场、水平地磁场和扫场三场同向($B_h\rightarrow$，$B_s\rightarrow$，$B_{E//}\rightarrow$)，射频信号频率调到最大，此时应无抽运信号和共振信号，然后慢慢降低射频信号频率，直至出现一个向下的尖峰(即共振信号)，第一个共振信号一定是^{87}Rb 的，然后在该信号频率的三分之二处找^{85}Rb 的共振信号(注意此时共振信号和抽运信号相互混杂，应能够区分这两种信号)。测量这两种信号的频率，计算其比值，它就是^{85}Rb 和^{87}Rb 的基态朗德因子之比，即 $g_{F85}/g_{F87}=\nu_{85}/\nu_{87}$。扫场信号和共振信号如图 11-3 所示。

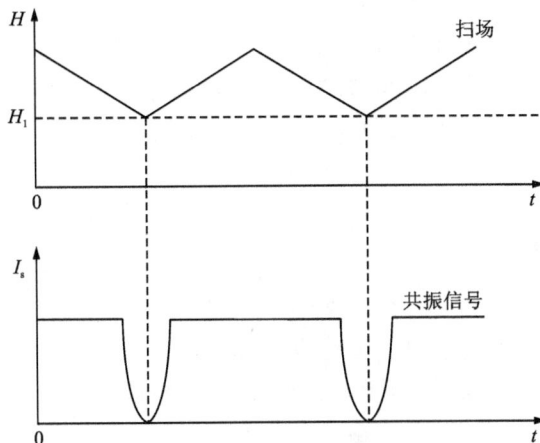

图 11-3　扫场信号和共振信号

(三)水平场反向法测朗德因子

保持水平场电流不变，分别测量三场同向($B_h\rightarrow$，$B_s\rightarrow$，$B_{E//}\rightarrow$)和水平场反向($B_h\leftarrow$，$B_s\rightarrow$，$B_{E//}\rightarrow$)两种情况下的共振频率 $\nu_{同}$ 和 $\nu_{反}$，并据此分别计算^{87}Rb 和 ^{85}Rb 的 g_F 值。引用式(11-5)有

$$h\nu_{同}=g_F\mu_B(B_h+B_s+B_{E//}),\quad h\nu_{反}=g_F\mu_B(B_h-B_s-B_{E//}),\quad |B_h|>|B_s+B_{E//}|$$
$$（水平场电流较大时） \tag{11-6a}$$

$$h\nu_{同}=g_F\mu_B(B_h+B_s+B_{E//}),\quad h\nu_{反}=g_F\mu_B(-B_h+B_s+B_{E//}),\quad |B_h|<|B_s+B_{E//}|$$
$$（水平场电流较小时） \tag{11-6b}$$

两式相加减得到

$$h\nu_+=g_F\mu_B B_h,\quad \nu_+=(\nu_{同}+\nu_{反})/2,\quad g_F=\frac{h(\nu_{同}+\nu_{反})}{2\mu_B B_h},\quad |B_h|>|B_s+B_{E//}|$$
$$（大水平场） \tag{11-7a}$$

$$h\nu_-=g_F\mu_B B_h,\quad \nu_-=(\nu_{同}-\nu_{反})/2,\quad g_F=\frac{h(\nu_{同}-\nu_{反})}{2\mu_B B_h},\quad |B_h|<|B_s+B_{E//}|$$
$$（小水平场） \tag{11-7b}$$

再根据水平场的电流计算得到水平场的强度

$$B_{\text{h}} = \frac{32\pi}{5^{3/2}} \frac{N_{\text{h}}I_{\text{h}}}{r_{\text{h}}} \times 10^{-7}(\text{T}) = 8.99176 \times 10^{-7} \frac{N_{\text{h}}I_{\text{h}}}{r_{\text{h}}}(\text{T}) \tag{11-8}$$

从而得到

$$g_F = \frac{h(\nu_{\text{同}} + \nu_{\text{反}})}{2\mu_B B_{\text{h}}} = 0.0397296 \frac{r_{\text{h}}(\nu_{\text{同}} + \nu_{\text{反}}) \times 10^{-3}}{N_{\text{h}}I_{\text{h}}}, \quad |B_{\text{h}}| > |B_{\text{s}} + B_{\text{E}/\!/}| \,(\text{大水平场})$$

$$\tag{11-9a}$$

$$g_F = \frac{h(\nu_{\text{同}} - \nu_{\text{反}})}{2\mu_B B_{\text{h}}} = 0.0397296 \frac{r_{\text{h}}(\nu_{\text{同}} - \nu_{\text{反}}) \times 10^{-3}}{N_{\text{h}}I_{\text{h}}}, \quad |B_{\text{h}}| < |B_{\text{s}} + B_{\text{E}/\!/}| \,(\text{小水平场})$$

$$\tag{11-9b}$$

式中：频率的单位是 Hz；电流的单位是 A。当水平场与地磁水平分量(和扫场)反向，磁针方向仍指向地磁场方向时，为"小水平场"，否则为"大水平场"。

注意：因为水平场线圈两组是并联的，由仪器读出的水平场电流是两组线圈中流入的电流和，所以水平场线圈的 I_{h} 值应取读数值的 $1/2$。

(四)用增量法计算朗德因子

设置水平场、水平地磁场、扫场三场同向($B_{\text{h}} \rightarrow$，$B_{\text{s}} \rightarrow$，$B_{\text{E}/\!/} \rightarrow$)。当扫场电流固定，垂直场正好抵消地磁垂直分量时，原子感到的磁场仅有($B_{\text{h}} + B_{\text{s}} + B_{\text{E}/\!/}$)，其中只有水平场随电流调整而变化，即有 $\Delta B = \Delta(B_{\text{h}} + B_{\text{s}} + B_{\text{E}/\!/}) = \Delta B_{\text{h}}$，设共振频率为 ν，则有 $h\Delta\nu = g_{Fi}\mu_B\Delta B_{\text{h}}$，

$$g_{Fi} = \frac{h\Delta\nu}{\mu_B \Delta B_{\text{h}}} = \frac{5^{3/2} \times 10^7 h r_{\text{h}}(\nu_{i+1} - \nu_i)}{32\pi\mu_B N_{\text{h}}(I_{i+1} - I_i)} = 0.0835911 \times 10^{-6} \frac{\nu_{i+1} - \nu_i}{I_{i+1} - I_i} \tag{11-10}$$

式中：频率的单位是 Hz；电流的单位是 A。通过改变水平场的电流 I_i，测出对应不同 I_i 值的率频值 ν_i，计算出一系列的 g_{Fi}，然后求其平均值，得到最后的结果。因为用增量法可以取得更多的数据，因此结果更准确。注意：水平场线圈的 I 值应取读数值的 $1/2$。

(五)同向反向法测量水平地磁场

设置同向和反向两种情况对应相同的扫场电流和水平场电流。因为三场同向时的共振频率满足 $h\nu_{\text{同}} = g_F\mu_B(B_{\text{E}/\!/} + B_{\text{s}} + B_{\text{h}})$，当扫场和水平场均与地磁场水平分量反向时($B_{\text{h}} \leftarrow$，$B_{\text{s}} \leftarrow$，$B_{\text{E}/\!/} \rightarrow$)，共振频率满足

$$h\nu_{\text{反}} = g_F\mu_B(B_{\text{E}/\!/} - B_{\text{h}} - B_{\text{s}}), \quad |B_{\text{h}} + B_{\text{s}}| < |B_{\text{E}/\!/}| \,(\text{小水平场}) \tag{11-11a}$$

$$h\nu_{\text{反}} = g_F\mu_B(-B_{\text{E}/\!/} + B_{\text{h}} + B_{\text{s}}), \quad |B_{\text{h}} + B_{\text{s}}| > |B_{\text{E}/\!/}| \,(\text{大水平场}) \tag{11-11b}$$

两式相加减得到

$$\nu_+ = (\nu_{\text{同}} + \nu_{\text{反}})/2, \quad B_{\text{E}/\!/} = \frac{h(\nu_{\text{同}} + \nu_{\text{反}})}{2g_F\mu_B}, \quad |B_{\text{h}} + B_{\text{s}}| < |B_{\text{E}/\!/}| \,(\text{小水平场})$$

$$\tag{11-12a}$$

$$\nu_- = (\nu_{\text{同}} - \nu_{\text{反}})/2, \quad B_{\text{E}/\!/} = \frac{h(\nu_{\text{同}} - \nu_{\text{反}})}{2g_F\mu_B}, \quad |B_{\text{h}} + B_{\text{s}}| > |B_{\text{E}/\!/}| \,(\text{大水平场})$$

$$\tag{11-12b}$$

可通过改变水平场电流 I 测一系列水平地磁场值 $B_{\text{E}/\!/}$，然后取 $B_{\text{E}/\!/}$ 的平均值计算地磁

场水平分量 $B_{E//}$。当水平场和扫场均与地磁水平分量反向时，磁针方向仍指向地磁场方向时，为"小水平场"，否则为"大水平场"。地磁场垂直分量则根据式(11-4)计算

$$B_{Ev} = B_v = \frac{32\pi}{5^{3/2}} \frac{N_v I_v}{r_v} \times 10^{-7} (T) = 0.000587697 I_v (T) \tag{11-13}$$

地磁场强度为

$$B_E = \sqrt{B_{Eh}^2 + B_{Ev}^2} \tag{11-14}$$

表 11-1　光磁共振仪的技术参数

机号	参数	水平场线圈	扫场线圈	垂直场线圈
2007008	N	250	250	100
	r/m	0.2630	0.2420	0.1530

四、数据处理和结果分析

拍摄打印或画出光抽运信号和扫场波形、扫场信号和共振信号，记录测量数据、计算结果和分析误差。

五、思考题

1. 如何确定水平场、扫场直流分量与地磁水平分量及垂直场与地磁垂直分量的方向关系？
2. 如何区分磁共振信号和光抽运信号？
3. 如何区分 ^{87}Rb 和 ^{85}Rb 的磁共振信号？
4. 本实验的磁共振对 ^{87}Rb 和 ^{85}Rb 各发生在哪些能级间？

实验仪器简介

光磁共振实验装置(optical pumping)常用于近代物理实验。该实验装置涉及的物理内容丰富，可使学生直观地了解光学、电磁学及无线电电子学等方面的知识，并能定性或定量地了解原子内部的很多信息。光磁共振实验是典型的波谱学教学实验之一。光磁共振实验中使用了光泵及光电探测技术，其灵敏度比一般磁共振探测技术高几个数量级。这一方法在基础物理学的研究、磁场的精确测量以及原子频标技术等方面都有广泛的应用。

DH807A 光磁共振仪装置由主体单元、辅助电源、射频信号发生器和示波器等组成，如图 11-4 所示。主体单元是该实验装置的核心，如图 11-5 所示。

天然铷和惰性缓冲气体被充在一个直径约 52 mm 的玻璃泡内，该铷样品泡两侧对称地放置着一对小射频线圈，它们为铷原子跃迁提供射频磁场。这个铷样品泡和射频线圈全都置于圆柱形恒温槽内，称它为"吸收池"。槽内温度约在 55℃。吸收池放置在两对亥姆霍兹线圈的中心。小的一对线圈产生的磁场用来抵消地磁场的垂直分量。大的一对线圈有两个绕组，一组为水平直流磁场线圈，它使铷原子的超精细能级产生塞曼分裂；另一组为

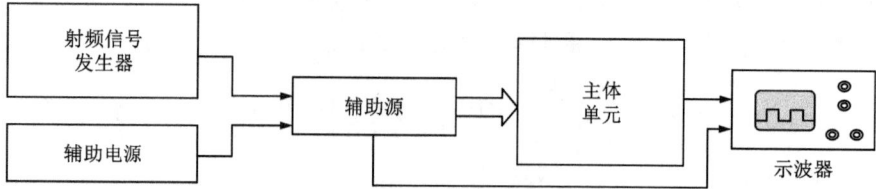

图 11-4　光磁共振实验装置

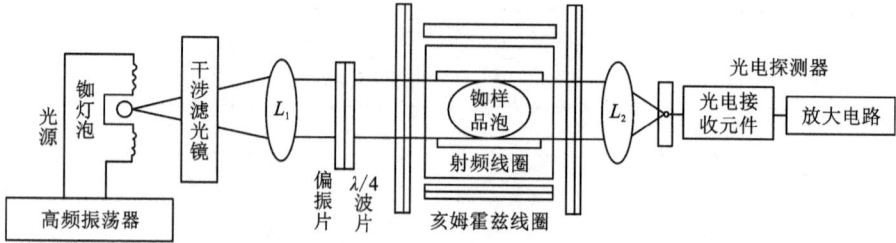

图 11-5　光磁共振实验装置主体单元

扫场线圈，它使直流磁场上叠加一个调制磁场。铷光谱灯作为抽运光源。光路上有两个透镜，一个为准直透镜，一个为聚光透镜，透镜的焦距为 77 mm，它们使铷光谱灯发出的光平行通过吸收池，然后再会聚到光电池上。干涉滤光镜(装在铷光谱灯的口上)从铷光谱中选出光(波长为 7948Å)。偏振片和 $\lambda/4$ 波片(和准直透镜装在一起)使光成为左旋圆偏振光。偏振光对基态超精细塞曼能级有不同的跃迁概率，可以在这些能级间造成较大的粒子数差。当加上某一频率的射频磁场时，将产生"光磁共振"。共振区的光强由于铷原子的吸收而减弱。通过大调场法，可以从终端的光电探测器上得到这个信号，经放大后可从示波器上显示出来。

铷光谱灯是一种高频气体放电灯。它由高频振荡器、控温装置和铷灯泡组成。铷灯泡放置在高频振荡回路的电感线圈中，在高频电磁场的激励下产生无极放电而发光。整个振荡器连同铷灯泡放在同一恒温槽内，温度控制在 90℃ 左右。高频振荡器频率约为 65 MHz。光电探测器接收透射光强度变化，并把光信号转换成电信号。接收部分采用硅光电池，放大器倍数大于 100 倍。

电源为主体单元提供四路直流电源，第 Ⅰ 路是 0~1 A 可调稳流电源，为水平磁场提供电流；第 Ⅱ 路是 0~0.5 A 可调稳流电源，为产生垂直磁场提供电流；第 Ⅲ 路和第 Ⅳ 路分别是 24 V 和 20 V 稳压电源，为铷光谱灯、控温电路、扫场提供工作电压。

辅助源为主体单元提供三角波、方波扫场信号及温度控制电路等，并设有"外接扫描"插座，可接示波器的扫描输出，其锯齿扫描经电阻分压及电流放大，作为扫场信号源代替机内扫场信号，辅助源与主体单元由 24 线电缆连接。

本实验装置中的射频信号发生器为通用仪器，可以选配，频率范围为 100 kHz ~ 1 MHz，输出功率在 50 Ω 负载上不小于 0.5 W，输出幅度可调节。射频信号发生器是为吸收池中的小射频线圈提供射频电流，使其产生射频磁场，激发铷原子产生共振跃迁。

本实验装置为便于直观教学，采用了开放式结构、分立部件，其主体单元的各部分(铷光谱灯、吸收池、光电探测器及光学器件等)都分别放置在光具座滑轨的 5 个滑块上,调节方便。主体单元各零部件均由无铁磁性材料制成。为了能在灯光、日光下工作,该实验装置配备了一个遮光罩。铷光谱灯的后部留有一个观察孔,正常工作时透过观察孔可看见玫瑰紫色的光线。

学科前沿研究和应用案例——光磁共振技术领域

光磁共振把光抽运、磁共振和光探测技术有机结合起来用于研究原子精细结构和超精细结构。这一技术有磁共振高分辨的特点,同时又将测量灵敏度提高了几个数量级,解决了光谱方法及核磁共振、电子顺磁共振方法不能满意解决的微观粒子内部细微结构和变化的许多问题,是研究原子、分子高激发态的精密测量的有力工具,在激光物理、量子频标、弱磁场探测等方面都有重要应用[1-8]。采用激光的光磁共振使用固定频率的红外激光器可用于研究基于旋转、振转的自由基和离子结构,或电子塞曼光谱。

Ganser 等人利用激光磁共振(LMR)光谱技术重新研究了 $3\,\Sigma_g^-$ 电子基态的 NCN 自由基的中红外光谱[4]。他们采用液氮冷却的一氧化碳(CO)激光器作为红外 $1442\sim1484\ \mathrm{cm}^{-1}$ 区域的强相干辐射源。使用高达 1.4 T 的磁通密度,使振动转动跃迁与激光频率共振。在平行($\Delta M_J=0$)和垂直($\Delta M_J=\pm1$)偏振下,用 10 条 CO 激光谱线记录了光谱。在 LMR 光谱中观察到超过 100 条新的吸收谱线,并随后被标定为 $3\,\Sigma_g^-$ 基态 NCN 的 3_0^1 基带(接近 $1466.5\ \mathrm{cm}^{-1}$)或 $2_1^1 3_0^1$ 活跃带(接近 $1455.6\ \mathrm{cm}^{-1}$)的跃迁。通过傅里叶变换和 LMR 光谱提供的红外光谱数据的最小二乘拟合,确定了对 NCN 分子参数的一些改进。用 σ 偏振($\Delta M_J=\pm1$)在 $P(5)_{27\text{-}26}$CO 激光谱线上记录的 NCN 部分 LMR 光谱如图 11-6 所示。

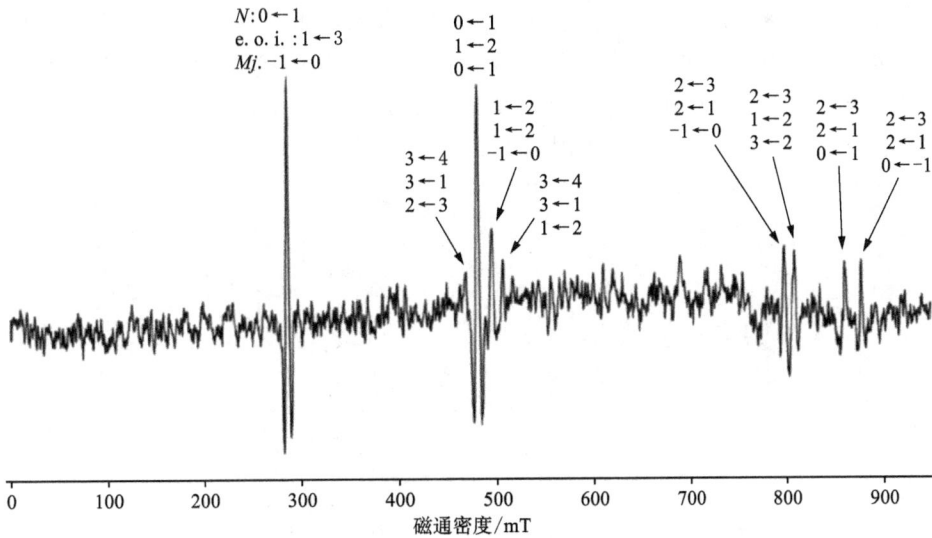

图 11-6 用 σ 偏振($\Delta M_J=\pm1$)在 $P(5)_{27\text{-}26}$CO 激光谱线上记录的 NCN 部分 LMR 光谱

在碱金属原子簇磁性的研究中,存在自由原子簇含有的原子个数及其磁矩难以确定的问题。采用光磁共振光谱检测手段,可以探讨这些问题。对工作温度约为 328 K 的饱和铷蒸气样品中单原子分子 $^{87}\mathrm{Rb}_1$ 和 14 种簇粒子 $^{87}\mathrm{Rb}_{n'}$($n'=2$,3,…,15)的磁矩进行深入研究，图 11-7 是实验测量的 $1 \leqslant n' \leqslant 15$ 的铷簇粒子共振光谱振幅及形态示意图[5]。实验结果表明：在同一外磁场下，14 种簇粒子 $^{87}Rb_{n'}(n' = 2, 3, \cdots, 15)$ 的共振频率与 $^{87}Rb_1$ 的共振频率之间存在确定的数值关系，并且各簇粒子的磁矩值与振幅值均随 n' 的大小和奇、偶性呈现不同性质的变化规律。

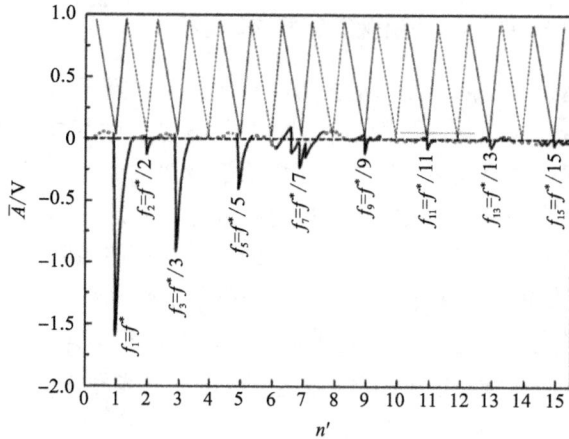

图 11-7　实验测量的 $1 \leqslant n' \leqslant 15$ 的铷簇粒子共振光谱振幅及形态示意图

针对簇类同位素位移难以测定及其产生原因难以鉴别等问题，邱淑红等人运用光磁共振和热离解相结合的技术，获得了气态 Rb 同位素原子簇 $^{87,85}Rb_n(n = 1, 2, \cdots, 13)$ 两系列共振离解光谱、等数簇矩移、塞曼能移[6]，并对每个簇基于巨原子概念模型进行量化计算，其结果与实测结果严格一致，表明铷簇可以作为巨原子分析。进一步运用铷簇塞曼能级间隔公式计算出 $^{87,85}Rb_n(n = 1, 2, \cdots, 92)$ 5s 电子壳层能级结构，发现 5s 单电子壳层结构主要秩序和步距与钠簇在球状对称势阱下的 3s 单电子壳层结构相似，证实铷簇 5s 单电子壳层结构可以由塞曼能级大能隙决定。共振离解光谱的奇偶交替特性及其在特殊数（如 $n = 2$）处的反常磁矩特征峰均由价电子的内在性质和分子结构特性引起。图 11-8 是两系列同位素原子簇的 $^{87,85}Rb_n(n = 1, 2, \cdots, 13)$ 的共振离解光谱。

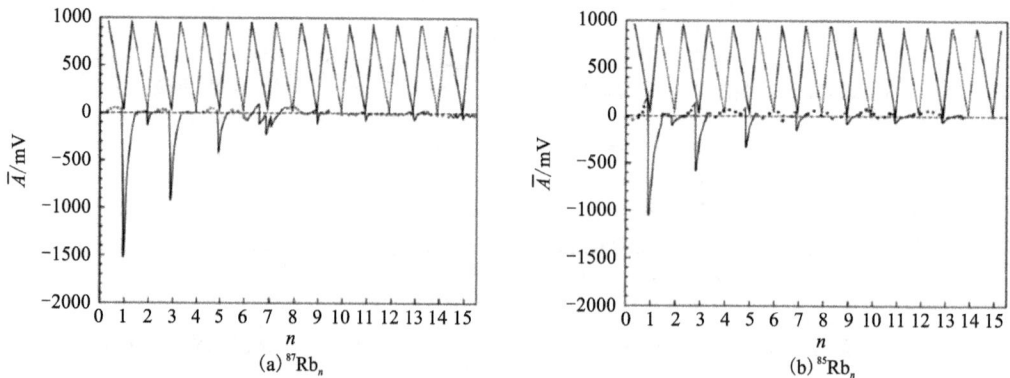

(a) $^{87}Rb_n$　　　　　　　　　　(b) $^{85}Rb_n$

图 11-8　两系列同位素原子簇的 $^{87,85}Rb_n(n = 1, 2, \cdots, 13)$ 的共振离解光谱

利用 CO_2 激光磁共振（LMR）可以研究 NO_2 的 ν_2 振转带（010←000 和 020←010）[7]。

Rakhymzhan 等人用 36 条 CO_2 激光谱线记录了 $886\sim982\ cm^{-1}$ 垂直偏振 $(E\backslash H)$ 的约 200 个塞曼共振,图 11-9 是用 $^{13}C^{16}O_2$ 11P(14) 激光谱线观察到的 NO_2 典型分辨 LMR 光谱。所有的共振都使用已有文献中的分子参数进行确认标记。他们计算了 LMR 光谱(重叠和不重叠)的强度,并分析确认了最强光谱,观察并描述了一种新型的非谐振 LMR 信号。由于使用的 LMR 光谱仪是基于腔内设计的,这妨碍不同 CO_2 激光谱线吸收截面的直接比较。相反,在相同的 CO_2 激光谱线上,不同振转跃迁的 LMR 跃迁相对振幅与理论预测一致。这种一致性在研究中经常被观察到。

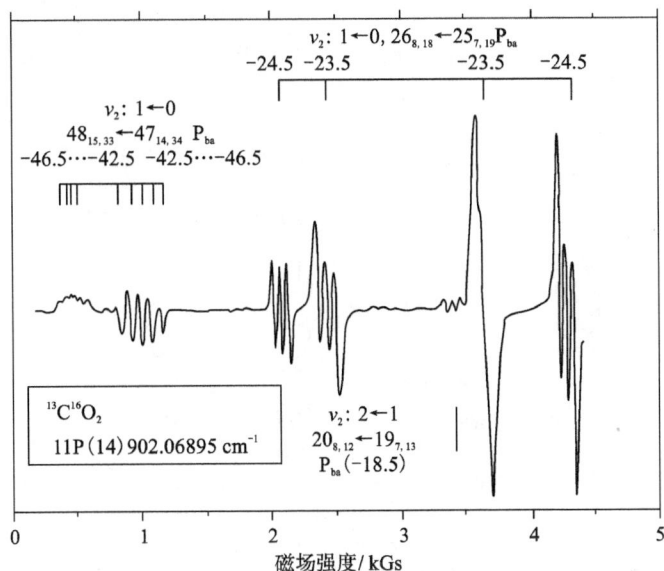

图 11-9　用 $^{13}C^{16}O_2$ 11P(14) 激光谱线观察到的 NO_2 典型分辨 LMR 光谱

　　基于自旋瞬态相干效应的光谱学研究能够提供大量关于物质微观动力学的信息,是波谱学的重要分支。基于光磁共振的原子测磁领域的需求,对光磁共振中的瞬态相干效应的研究很有意义。浙江大学课题组研究了铷原子光磁共振中瞬态相干效应[8]。他们搭建了铷原子光磁共振的研究平台,实验装置示意图如图 11-10 所示,实验中只有一束激光既作为泵浦光又作为探测光作用在一个镀膜的铷原子池上,再通过一个光电二极管探测与原子相互作用之后的光强。利用扫描射频场的频率,获得了透射光强随着射频场频率变化的曲线,即光磁共振信号。基于光磁共振测磁的原子磁力仪可以通过共振峰对应的射频频率值来确定外磁场的大小。分析了在实验室温度 20℃下共振峰线宽随各种激光功率、射频功率等参数的变化,从而优化得到信噪比较好的光磁共振信号。另外通过增加射频场频率扫描速率,在铷原子中观察到了光磁共振的瞬态演化过程。在较高射频场扫频速率的情况下,传统洛伦兹线型的光磁共振信号会变得不对称,且右侧会逐渐出现振荡的小峰,如图 11-11 所示。且随着扫描速率的增加,光磁共振峰的中心位置逐渐向扫频方向移动。

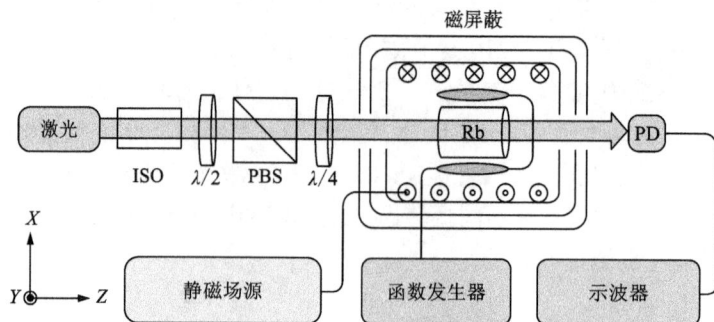

图 11-10 实验装置示意图

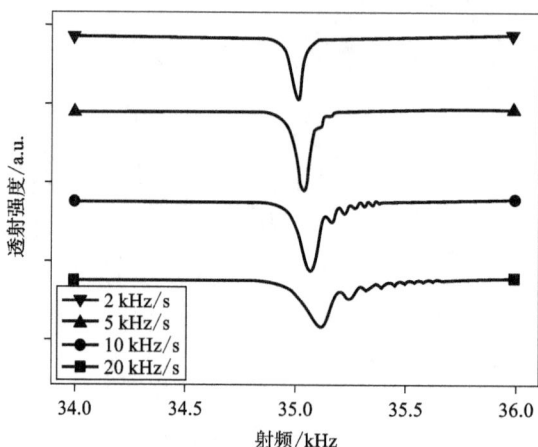

图 11-11 不同扫描速率下透射光与射频场频率关系

参考文献

[1] Davidson S A, Evenson K M, Brown J M . The far－infrared laser magnetic resonance spectrum of the （CH）-C-13 radical[J]. Journal of Molecular Spectroscopy, 2004, 223(1)：20-30.

[2] Chichinin A I. Laser Magnetic Resonance. Encyclopedia of Spectroscopy and Spectrometry (Third Edition)[M]. Academic Press, 2017, 548-554.

[3] 张耀. 激光磁共振加速及其辐射[D].绵阳：中国工程物理研究院, 2018.

[4] Ganser H, Hill C, George J H, et al. Re－investigation of the infrared spectrum of the NCN radical by laser magnetic resonance spectroscopy[J]. Journal of Molecular Spectroscopy, 2021, 382：111547.

[5] 邸淑红, 张阳, 杨会静, 等. 铷原子簇自发磁矩的实验观测及理论分析[J]. 物理学报, 2021, 70（12）：122101.

[6] 邸淑红, 张阳, 杨会静, 等. 铷簇同位素效应的量化研究[J].物理学报, 2023, 72(18)：71-82.

[7] Rakhymzhan A A, Chichinin A I. Laser magnetic resonance study of the ν_2 bending of NO_2 using a CO_2 laser：Line positions and intensities[J]. Journalof Molecular Spectroscopy, 2013, 289：50-60.

[8] 金葛. 铷原子光磁共振中瞬态相干效应的研究[D]. 杭州：浙江大学, 2019.

拓展阅读

卡斯特勒与光磁共振方法的研究发现

1966 年诺贝尔物理学奖授予法国巴黎高等师范学校的卡斯特勒（Alfred Kastler, 1902—1984），以表彰他发现和发展了研究原子中赫兹共振的光学方法。光磁共振实际上是使原子、分子的光学频率的共振与射频或微波频率的磁共振同时发生的一种双共振现象。这种方法是卡斯特勒在巴黎提出并实现的。由于这种方法最早实现了粒子数反转，成了发明激光器的先导，所以卡斯特勒被人们誉为"激光之父"。

20 世纪上半叶，光谱学的研究提供了大量有关原子、分子结构的实验数据。由于雷达技术的发展，在 20 世纪 40 年代末兴起了射频和微波波谱学。这些频段的电磁波，其频率要比可见光小得多，所产生的光子能量比光频光子的能量小得多，因此可以直接测量到原子的精细能级和超精细塞曼能级之间的共振跃迁。人们把这个频段的电磁波称为赫兹波，把微波或射频共振称为赫兹共振。

1947 年，兰姆和雷瑟福用波谱学方法测定氢原子精细结构的兰姆位移。1949 年，美国的比特（F. Bitter）指出，可把射频波谱技术扩展到原子激发态的研究中。在这以前，磁共振实验一般是在凝聚态中粒子处于热平衡的状态下进行的，激发态的磁共振实验则从未有人做过。卡斯特勒认为这是一项很好的建议，但关键在于如何实现。他找到了一个有效方法，就是利用偏振光对恒定磁场中的气态原子或分子作用，有可能实现激发态塞曼能级产生选择跃迁。卡斯特勒一方面派自己的学生布洛塞尔（J. Brossel）去美国向比特学习，另一方面加紧在实验室里开展独立研究。1950 年，布洛塞尔和比特按照卡斯特勒的思想做成了第一个实验，不过还不能探测原子的定向。

这一年卡斯特勒又提出，用圆偏振光激发原子，使原子的角动量发生变化，就可以使原子集中在基态的某一能级上，也就是改变原子在基态某一子能级上的布居数。他把这种方法称为光抽运。

不久，布洛塞尔从美国回来，师生两人合作研究光磁共振。他们用钠的 D_1 谱线激发处于恒定磁场中的钠蒸气原子，探测其荧光辐射强度。卡斯特勒认识到，实验的成功与否取决于弛豫的速度。如果弛豫太快，则只能观测到微弱的信号。于是他们改用充有氢气的钠样品泡做实验，经过反复的试验，终于在 1955 年获得了强度足够的光抽运效应。之所以采用氢气，是因为氢气是几乎没有分子磁性的气体，可以起到缓冲的作用，使钠原子漂移到泡壁的速度大大减小。接着他们又用射频场实现了超精细塞曼能级之间的跃迁，把光抽运和光磁双共振法结合在一起。

光磁共振方法很快就发展成为研究原子物理的一种重要的实验方法。它大大地丰富了我们对原子能级精细和超精细结构、能级寿命、塞曼分裂和斯塔克分裂、原子磁矩和 g 因子、原子与原子间以及原子与其他物质间相互作用的了解。利用光磁共振原理可以制成测量微弱磁场的磁强计，也可以制成高稳定度的原子频标。

卡斯特勒的成就与法国的科学传统是分不开的。他扎根于法国巴黎高等师范学校，但并不闭关自守，而是力促国际交流。他很注意发挥科研集体的智慧和青年的力量，树立起团结协作的风气，例如，为了研究光抽运，在布洛塞尔 1951 年回国后，他们立即组织了一个研究组，吸收巴黎高等师范学校的学生参加，共同研究一些关键问题。这个组的年轻人写了十几篇论文，在光磁共振方法的研究中作出了各自的贡献。他很注意实验研究与理论研究的结合，也很注意基础研究与应用研究的结合。在发现光抽运的过程中，他先在理论上充分探讨，之后在实验上付诸实现；之后他们对缓冲气体和弛豫过程、多量子跃迁以及光频移效应的研究，始终坚持实验与理论相结合的方针。

（参考 https://www. nobelprize. org/uploads/2018/06/kastler-lecture.）

实验十二
近代光学实验

12.1 光学图像相加和相减

一、实验目的

1. 理解图像相加和相减的原理。
2. 了解傅里叶光学相移定理和卷积定理。
3. 用正弦光栅作滤波器，对图像进行相加和相减实验。

二、实验原理

图像相减是求两张相近照片的差异，从中提取差异信息的一种运算。通过将不同时期拍摄的两张照片相减，在医学上可用来发现病灶的变化；在军事上可以发现地面军事设施的增减；在农业上可以预测农作物的长势；在工业上可以检查集成电路掩膜的缺陷；等等。其还可用于地球资源探测、气象变化研究及城市发展研究等领域。图像相减是相干光学处理中的一种基本的光学-数学运算，是图像识别的一种主要手段。实现图像相减的方法很多，本实验介绍最常用的利用正弦光栅作为空间滤波器来实现图像相减的方法。

设正弦光栅的空间频率为 f_0，将其置于 $4f$ 系统的滤波平面 P_2 上，如图 12-1 所示，光栅的复振幅透过率为

$$H(f_x, f_y) = \frac{1}{2} + \frac{1}{2}\cos(2\pi f_0 x_2 + \varphi_0)$$

$$= \frac{1}{2} + \frac{1}{4}\exp[\,i(2\pi f_0 x_2 + \varphi_0)\,] + \frac{1}{4}\exp[\,-i(2\pi f_0 x_2 + \varphi_0)\,] \qquad (12-1)$$

其中

$$f_x = \frac{x_2}{\lambda f}, f_y = \frac{y_2}{\lambda f} \qquad (12-2)$$

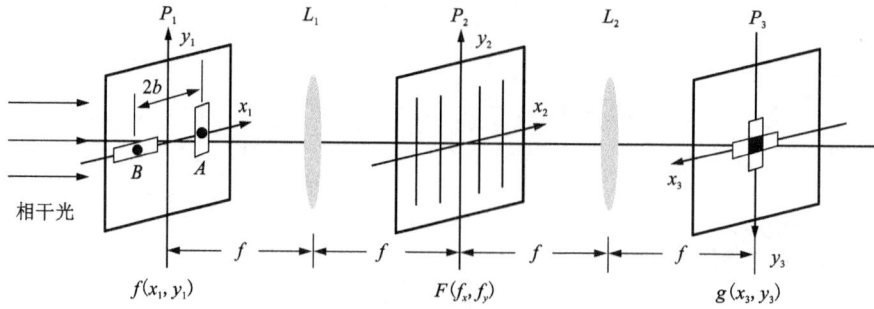

图 12-1 光栅实现图像相减原理图

式中：f 为傅里叶变换透镜的焦距；f_0 为光栅频率；φ_0 表示光栅条纹的初位相，它决定了光栅相对于坐标原点的位置。

将图像 A 和图像 B 置于输入平面 P_1 上，且沿 x_1 方向相对于坐标原点对称放置，图像中心与光轴的距离均为 b。选择光栅的频率为 f_0 使得 $b = \lambda f f_0$，以保证在滤波后两图像中 A 的 +1 级像和 B 的 -1 级像能恰好在光轴处重合。于是，输入场分布可写成

$$f(x_1, y_1) = f_A(x_1 - b, y_1) + f_B(x_1 + b, y_1) \tag{12-3}$$

其在频谱面 P_2 上的频谱为

$$\begin{aligned}F(f_x, f_y) &= F_A(f_x, f_y)\exp(-i2\pi f_x b) + F_B(f_x, f_y)\exp(i2\pi f_x b) \\ &= F_A(f_x, f_y)\exp(-i2\pi f_x x_2) + F_B(f_x, f_y)\exp(i2\pi f_x x_2)\end{aligned} \tag{12-4}$$

经光栅滤波后的频谱为

$$\begin{aligned}H(f_x, f_y)F(f_x, f_y) &= \frac{1}{4}\left[F_A(f_x, f_y)\exp(i\varphi_0) + F_B(f_x, f_y)\exp(-i\varphi_0)\right] \\ &+ \frac{1}{2}\left[F_A(f_x, f_y)\exp(-i2\pi f_0 x_2) + F_B(f_x, f_y)\right] \\ &+ \frac{1}{4}\left\{F_A(f_x, f_y)\exp\left[-i(4\pi f_0 x_2 + \varphi_0)\right] + F_B(f_x, f_y)\exp\left[i(4\pi f_0 x_2 + \varphi_0)\right]\right\}\end{aligned} \tag{12-5}$$

再通过透镜 L_2 进行逆傅里叶变换（取反演坐标系统），在输出平面 P_3 上的光场为

$$\begin{aligned}g(x_3, y_3) &= \frac{1}{4}\exp(i\varphi)\left[f_A(x_3, y_3) + f_B(x_3, y_3)\exp(-i2\varphi_0)\right] \\ &+ \frac{1}{2}\left[f_A(x_3 - b, y_3) + f_B(x_3 + b, y_3)\right] \\ &+ \frac{1}{4}\left[f_A(x_3 - 2b, y_3)\exp(-i\varphi_0) + f_B(x_3 + 2b, y_3)\exp(i\varphi_0)\right]\end{aligned} \tag{12-6}$$

当光栅条纹的初位相 $\varphi_0 = \pi/2$，即光栅条纹偏离轴线 1/4 周期时，式（12-6）的第一行中的因子 $e^{-i2\varphi_0} = -1$，于是变为

$$g(x_3, y_3) = \frac{1}{4}\left[f_A(x_3, y_3) - f_B(x_3, y_3)\right] \tag{12-7}$$

再加上其余四项，结果表明，在输出面上系统的光轴附近，实现了图像相减。

当光栅条纹的初位相 $\varphi_0 = 0$，即光栅条纹与轴线重合时，式（12-6）第一行中的指数因子均等于 1，结果在输出面 $\varphi_0 = 0$ 上系统的光轴附近实现了图像相加。

三、实验内容和步骤

(一)图形设计与光栅制作

实验前,需先制作适当的图形和合适的光栅。为简洁起见,本实验采用两个透光的长条孔作为图形,其中图形孔 A 竖放,图形孔 B 水平横放,如图 12-1 所示,两者中心相距为 $2b$。为使其零级像和一级像能分开,距离 b 必须大于图形的长边。实验前,物面上的两个图形可事先粘贴在两块光洁的玻璃板上,以便于调节其相对位置及中心间距的值 $2b$(b 可用卷尺仔细测量)。选用或自制一全息光栅,使其空间频率满足 $f_0 = b/\lambda f$。为此,宜综合考虑 f_0 的值,使之与所用透镜焦距 f 和图像间距协调。f_0 值过大将使 b 值过大,图像摆放不便,故 f_0 值宜取小一些。如 $f_0 = 100$ 条线/mm,$f = 150$ mm,$\lambda = 632.8$ nm,则 $b \approx 9.49$ mm。

(二)布置 4f 系统实验光路

按图 12-2 布置好 4f 系统光路,并调整入射的相干光为准直光,然后将物图形、$f(x_1, y_1)$ 和光屏分别置于输入面 P_1、频谱面 P_2 和输出面 P_3 上。

图 12-2   实际的光路图

(三)光栅滤波

将已制作好的正弦光栅 G 按其栅线竖向置于傅里叶变换透镜 L_1 的后焦面上,并使其沿水平横向可微动(用一维平移台来实现),在光屏 P_3 上观察其对图形 A 的 $+1$ 级衍射像 A_{+1} 和对图形 B 的 -1 级衍射像 B_{-1},使 A_{+1} 和 B_{-1} 的中心重合于光轴上。若 A_{+1} 和 B_{-1} 的中心重合不好,可稍微调节图形 A、B 的相对位置。

(四)观察图形的相加和相减

光栅沿水平横向微动时,便可在输出面 P_3 上观察到 A_{+1} 和 B_{-1} 的重合处周期地交替出现图形 A、B 相加和相减的效果:相加时,重合处特别亮,相减时,重合处变得全黑。图 12-3 为图形样品及实验结果。

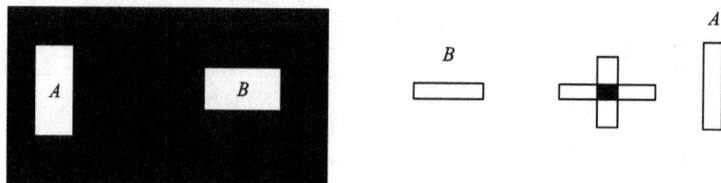

图 12-3　图形样品及实验结果

四、数据处理和结果分析

分析实验结果，打印图片粘贴在实验报告相应位置。

五、思考题

1. 如何选取系统参数使实验方便进行？
2. 光源光束对系统观察面上的图像有什么影响？

注意事项

1. 实验中如果出现无论怎样调整光栅位置，A_{+1} 和 B_{-1} 的重合处始终无法全黑，这可能是由下列原因引起：

(1) 用于照明图形 A 和 B 的光场不均匀，应重新调整照明光束。

(2) 实验数据 f_0 和 b 估算不准，致使 A_{+1} 和 B_{-1} 的中心未能完全重合，应重新核算 f_0 和 b 的值。

(3) $4f$ 系统光路不共轴或透镜焦距不准确，应重新调整光路。应从 L_2 开始，在激光束未扩束前依次调整透镜 L_1 和 L_2，使其中心的位置与激光束中心重合，办法是分别观察透镜两表面反射的系列光点是否位于同一条直线上。

2. 在观察周期性地交替出现图像相加和相减的效果时，光栅相相对光轴的初位相每次只需改变 $\pi/2$，相应地光栅移动 1/4 周期或 $1/4f_0$，亦即光栅每次所需要的移动量是很小的（等于 $1/4f_0$ 或 $\lambda f/4b$），因此移动光栅时要小心、缓慢。实验时也可使放置光栅的微动平台的微动向倾斜于光轴的方向，以减小其变化量。

12.2　利用复合光栅实现光学微分处理

一、实验目的

1. 掌握用复合光栅对光学图像进行微分处理的原理和方法。
2. 了解空间滤波的意义和相干光学处理中常用的 4 小系统。
3. 实验观测对图像微分后突出其边缘轮廓的效果。

二、实验原理

光学微分不仅是一种重要的光学–数学运算，在光学图像处理中也是突出信息的一种重要方法。在图像识别技术中，突出图像的边缘是一种重要的识别方法。人的视觉对于图像的边缘轮廓比较敏感，因此对于一张比较模糊的图像，由于突出了其边缘轮廓而变得易于辨认。为了突出图像的边缘轮廓，我们可以用空间滤波的方法，去掉图像中的低频成分而突出图像的高频成分，从而使轮廓突出。本实验利用光学相关方法作空间的微分处理从而描出图像的边缘，具体的做法是用复合光栅作为空间滤波器实现图像的微分处理。

全息复合光栅法的基本原理是先使待处理图像生成两个相互有点错位的像，然后通过改变两个图像的相位让其重叠部分相减而留下由于错位而形成的边缘部分，从而实现图像边缘增强的效果，从数学角度来说，就是用差分代替了微分。利用复合光栅进行图像微分的光学系统是典型的 $4f$ 系统，如图 12-4 所示。

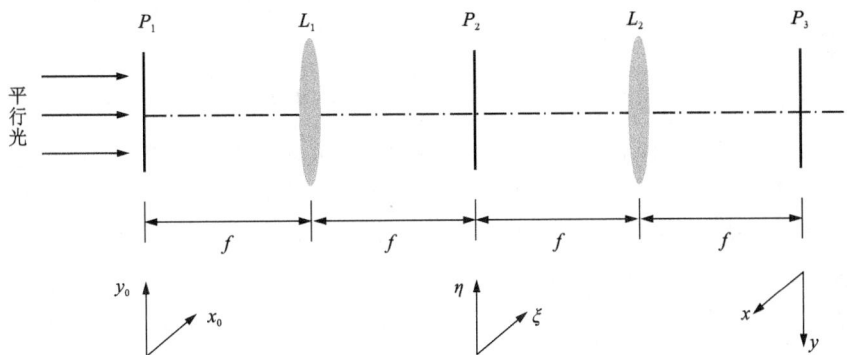

图 12-4 相干光学处理系统($4f$系统)

一束平行光照射透明物体 g（待处理的图像），物体 g 置于傅氏透镜 L_1 的前焦面 P_1 处，在 L_1 的后焦面上得到物函数 $g(x_0, y_0)$ 的频谱 $G(f_\xi, f_\eta)$，此频谱面又位于傅氏透镜 L_2 的前焦面上，在 L_2 的后焦面上得到频谱函数的傅里叶变换。物函数经过两次傅里叶变换又得到了原函数，只是变成了倒像。在图 12-4 中，P_3 平面采用的 (x, y) 坐标与 P_1 平面采用的 (x_0, y_0) 坐标的方向相反，因而可以消除两次傅里叶变换引入的负号。如果在频谱面上插入空间滤波器，就可以改变频谱函数，从而使输入信号得到处理。在本实验中，用一个复合光栅作为空间滤波器，以下为复合光栅空间滤波作用的具体分析。

在 P_1 平面上放置要处理的图像，其振幅透射率为 $g(x_0, y_0)$，用单色平面波垂直照射在图像上，透过图像后在 P_1 面之后的复振幅分布为 $g(x_0, y_0)$。透镜 L_1 对 $g(x_0, y_0)$ 进行傅里叶变换

$$\{g(x_0, y_0)\} = G(f_\xi, f_\eta) \tag{12-8}$$

式中：$\{\ \}$ 表示对括号里面的函数进行傅里叶变换；f_ξ、f_η 为 ξ、η 坐标系内的空间频率，后同；$G(f_\xi, f_\eta)$ 是物函数的空间频谱（忽略了常数项）。以

$$f_\xi = \frac{\xi}{\lambda F}, \quad f_\eta = \frac{\eta}{\lambda F} \tag{12-9}$$

代入 $G(f_\xi, f_\eta)$ 的表达式(式中 F 是傅里叶透镜的焦距),就得到 P_2 平面上的复振幅分布为

$$U_1(\xi, \eta) = G\left(\frac{\xi}{\lambda F}, \frac{\eta}{\lambda F}\right) \tag{12-10}$$

把复合光栅放置在 P_2 平面上,其振幅透射率已知为

$$\begin{aligned}
t(\xi) &= A - B\{\cos(2\pi\nu\xi) + \cos[2\pi(\nu + \Delta\nu)\xi]\} \\
&= A - B\{\exp(i2\pi\nu\xi) + \exp(-i2\pi\nu\xi) \\
&\quad + \exp[i2\pi(\nu + \Delta\nu)\xi] + \exp[-i2\pi(\nu + \Delta\nu)\xi]\}
\end{aligned} \tag{12-11}$$

透过复合光栅以后,在 P_2 平面之后的复振幅分布为 $U_2(\xi, \eta) = U_1(\xi, \eta)\, t(\xi)$。透镜 L_2 对 $U_2(\xi, \eta)$ 进行傅里叶变换,在 P_3 平面上得到的复振幅分布为

$$U_3(x, y) = \{U_2(\xi, \eta)\} = \left\{ G\left(\frac{\xi}{\lambda F}, \frac{\eta}{\lambda F}\right) t(\xi) \right\} = \{G(f_\xi, f_\eta)\} \times \{t(\xi)\} \tag{12-12}$$

符号×表示卷积,利用傅里叶变换的基本关系式进行一系列运算,得到

$$\begin{aligned}
U_3(x, y) &\propto Ag(x, y) - B\{g(x - \nu\lambda F, y) + g(x + \nu\lambda F, y)\} \\
&\quad - B\{g[x - (\nu + \Delta\nu)\lambda F, y] + g[x + (\nu + \Delta\nu)\lambda F, y]\}
\end{aligned} \tag{12-13}$$

$U_2(x, y)$ 和一维正弦光栅的透射光波的复振幅分布为

$$U(x, y) = A - B\cos(2\pi\nu x) = A - \frac{B}{2}\exp(i2\pi\nu x) - \frac{B}{2}\exp(-i2\pi\nu x) \tag{12-14}$$

比较可知:P_3 平面上物频谱受到了两个一维正弦光栅的调制,即其复振幅分布相当于由两个一维正弦光栅产生。当其受到第一次记录的光栅调制后,在输出面 P_3 上至少可得到三个清晰的衍射像,其中零级衍射像位于 xOy 平面的原点,即 $x = 0$ 处;正、负一级衍射像则沿 x 轴对称分布于 y 轴两侧,距离原点的距离为 $x = \nu\lambda F$ 和 $x = -\nu\lambda F$。同样,受第二次记录的光栅调制后,在输出面上将得到另一组衍射像,其中零级衍射像仍位于坐标原点与前一个零级像重合,正、负一级衍射像也沿 x 轴对称分布于原点两侧,但与原点的距离为 $x' = \pm\nu'\lambda F$。由于 $\Delta\nu = \nu' - \nu$ 很小,故 x 与 x' 的差 $\Delta x = \pm\nu\lambda F$ 也很小,从而使两个对应的 ± 1 级衍射像几乎重叠,沿 x 轴方向只错开了很小的距离 Δx,如图 12-5 所示。

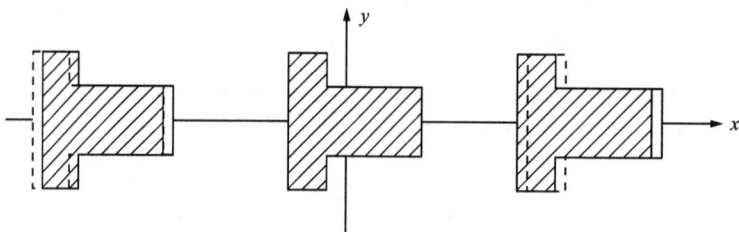

图 12-5 在输出面上得到的图像微分结果示意图

图 12-5 中,实线表示第一次由 $\nu = 100$ 条线/mm 的光栅产生的衍射像,虚线表示第二次由 $\nu = 102$ 条线/mm 的光栅产生的衍射像,两者产生的中央零级衍射像位于坐标原点且互相重合。由于 Δx 比起图形本身的尺寸要小得多,当复合光栅微微平移一适当的距离时,由此引起两个一级衍射像的相移量分别为

$$\Delta\varphi_1 = 2\pi\nu\Delta l, \quad \Delta\varphi_2 = 2\pi\Delta\nu'\Delta l \tag{12-16}$$

导致两者之间有一附加相位差

$$\Delta\varphi = \Delta\varphi_2 - \Delta\varphi_1 = 2\pi\Delta\nu\Delta l \qquad (12-16)$$

令 $\Delta\varphi = \pi$ 得

$$\Delta l = \frac{1}{2\Delta\nu} \qquad (12-17)$$

这时两个一级衍射像正好相差 π 位相，相干叠加时两者的重叠部分(图 12-5 中的阴影部分)相消，只剩下错开的图像边缘部分，从而实现了边缘增强，转换成强度分布时形成亮线，构成了光学微分图形，如图 12-6 所示。

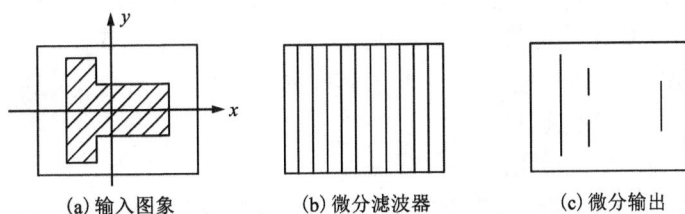

(a)输入图象　　　　(b)微分滤波器　　　　(c)微分输出

图 12-6 沿 x 轴方向光学微分处理过程示意图

复合光栅莫尔条纹的方向不同，得到的微分图形也不同，若将图 12-6 中的复合光栅条纹在平面内旋转 90°，便由沿 x 轴方向的微分图形变为图 12-7 中沿 y 轴方向的微分图形。

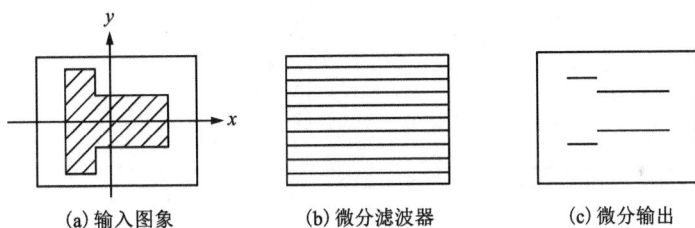

(a)输入图象　　　　(b)微分滤波器　　　　(c)微分输出

图 12-7 沿 y 轴方向光学微分处理过程示意图

三、实验内容和步骤

本实验采用 $\nu = 100$ 条线/mm，$\nu_0 = 102$ 线/mm 组成的复合光栅，其莫尔条纹频率 $\Delta\nu = 2$ 条线/mm。拍摄光学微分图像实验的实际光路如图 12-8 所示，这是典型的 $4f$ 相干光学处理系统。

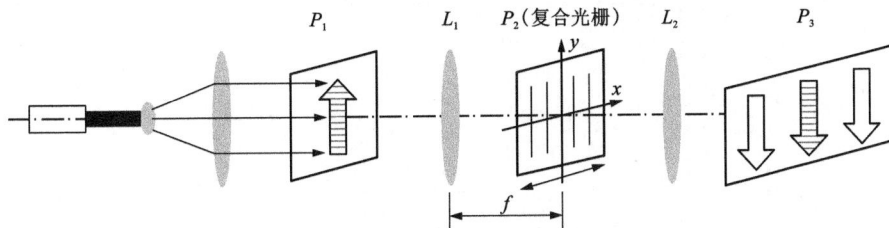

图 12-8 光学微分图像实验的实际光路

光路调节步骤：

（1）搭光路，利用反射镜、扩束镜、准直镜产生方向符合需要的平行光。

（2）在平行光束前面先放上透镜 L_1 及屏 P_2，移动 P_2 的位置使平行光束经过 L_1 聚焦在 P_2 面上，则 P_2 位于 L_1 的后焦面上，这就是频谱面。固定 L_1 及 P_2 的磁性底座。

（3）在 L_1 左边距离为 f 的 P_1 面处放上要处理的透明图像（刀片），拿走屏 P_2，放上透镜 L_2 及屏 P_3，移动 P_3 使在屏上看到物的等大、倒立、清晰的像。

调节时可在透明图片前放上磨砂玻璃，使得成像的景深较短，便于确定清晰成像的位置。L_2 及 P_3 的位置确定之后，固定 L_2 及 P_3 的磁性底座，撤去磨砂玻璃。

（4）在 P_2 面上放上复合光栅，用一维千分尺水平可调底座沿垂直于光轴的水平方向平移复合光栅（即沿图 12-7 中的 x 轴方向），从屏 P_3 上观察图像的变化，找到最好的微分图像，然后固定复合光栅底座。

（5）在 P_3 面上换上干板，拍摄微分图像。

（6）观察光学微分图像，改变复合光栅条纹的方向，观察微分图像的变化。

四、数据处理和结果分析

分析实验结果，打印图片粘贴在实验报告相应位置。

五、思考题

1. 复合光栅参数对观察面上的图像有什么影响？
2. 图像与 $4f$ 系统中的透镜焦距有什么关系？

12.3 阿贝成像原理和空间滤波

一、实验目的

1. 掌握阿贝成像原理。
2. 掌握空间频率、空间频谱和空间滤波。
3. 实验观察低通滤波和高通滤波。

二、实验原理

（一）空间频谱

任何一个物理真实的物平面上的空间分布函数 $g(x, y)$ 可以表示成无穷多个基元函数 $\exp[\mathrm{i}2\pi(f_x x + f_y y)]$ 的线性叠加，即

$$g(x, y) = \iint_{-\infty}^{+\infty} G(f_x, f_y) \exp[\,\mathrm{i}2\pi(f_x x + f_y y)\,]\,\mathrm{d}f_x \mathrm{d}f_y \qquad (12\text{-}18)$$

式中：f_x、f_y 是基元函数的参量，称为该基元函数的空间频率；$G(f_x, f_y)$ 是该基元函数的权重，称为 $g(x, y)$ 的空间频谱。数学上，$G(f_x, f_y)$ 可通过 $g(x, y)$ 的傅里叶变换得到，即

$$G(f_x, f_y) = \iint_{-\infty}^{+\infty} g(x, y) \exp[\,-\mathrm{i}2\pi(f_x x + f_y y)\,]\,\mathrm{d}x\mathrm{d}y \qquad (12\text{-}19)$$

式(12-18)实质上是傅里叶变换式(12-19)的逆变换。物理上可利用凸透镜实现物平面分布函数 $g(x, y)$ 与其空间频谱的变换，具体做法是把振幅透过率为 $g(x, y)$ 的图像作为物放在凸透镜的前焦面上，用波长为 λ 的单色平面波照射该物。平行光经物的衍射成为许多方向不同的平行光束，每一束平行光用空间频率 (f_x, f_y) 和权重 $G(f_x, f_y)$ 表征，衍射角越大，(f_x, f_y) 也越大。空间频率为 (f_x, f_y) 的平行光经凸透镜后会聚在后焦面的某一点 (x_1, y_1)，形成一个复振幅分布，它就是 $g(x, y)$ 的空间频谱 $G(f_x, f_y)$，而且 $f_x = x_1/\lambda f$，$f_y = y_1/\lambda f$，其中 f 为透镜的焦距。

(二)阿贝成像原理和空间滤波

根据阿贝成像原理，用相干光照明物体经由凸透镜成像可分为两步：第一步是用凸透镜把物面上光场分布空间函数 $g(x, y)$ 变为透镜后焦面上的频谱分布函数 $G(f_x, f_y)$；第二步是把后焦面上频谱分布函数 $G(f_x, f_y)$ 在像平面上复合还原为放大或缩小的空间分布函数 $g(x_1, y_1)$。根据这一原理，由于透镜孔径的限制，物光场中空间频率高、衍射角大的成分不能进入透镜，导致高频成分丢失，从而像平面所成的像不能反映由这些高频成分决定的细节。此外，根据这一原理可进行空间滤波，即在频谱面(透镜的后焦面)放置一些用来减弱某些空间频率成分或改变某些空间频率成分位相的滤波器，导致像平面发生相应的变化。最简单的滤波器就是一些特殊形状的光阑，使频谱面某些频率成分透过而挡住其他频率成分。例如圆孔光阑可作为低通滤波器，圆屏光阑可作为高通滤波器。

三、实验内容和步骤

(一)光路设计布置

按图 12-9 布置光路，将激光器发出的光扩束准直成平行光束，照射物用消色差傅里叶变换透镜，将物清晰地成像并放大于屏上，确定频谱面。滤波器可以按后面的内容选择狭缝、圆孔光阑等，目标物根据不同的实验目的合理选择。

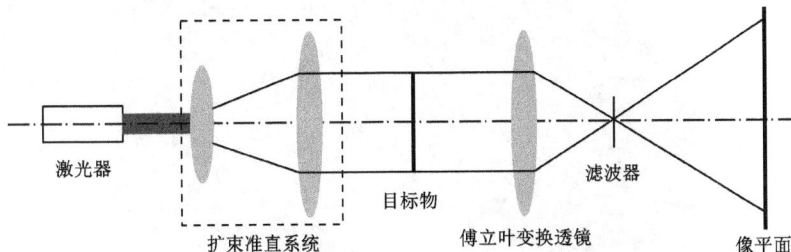

激光器　　扩束准直系统　　目标物　　傅立叶变换透镜　　滤波器　　像平面

图12-9　阿贝成像原理和空间滤波原理图

(二)观察正交光栅的频谱和空间滤波现象

用空间频率为 12/mm 的正交光栅作为物,观察像平面上正交光栅网格的放大图像并测量网格间距。用白屏在频谱面上观察正交光栅的频谱点,如图 12-10 所示。去掉白屏,用狭缝作为光阑,分别观察以下几种情况像平面上图像的变化,测量条纹间距并作解释:①狭缝水平放置,使包括零级在内的一排斑点通过;②狭缝竖直放置,使包括零级在内的一排斑点通过;③狭缝倾斜与水平成 45°角放置,使包括零级在内的一排斑点通过。实际系统装置如图 12-11 所示。

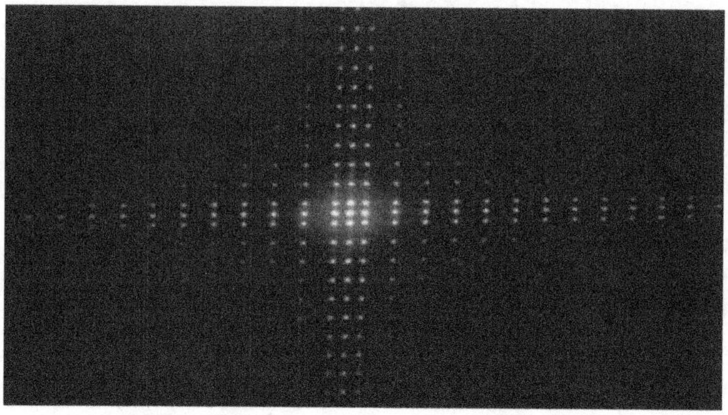

图 12-10　在频谱面上正交光栅的频谱点

(三)观察低通滤波现象

用透光的图案重叠作为物(笔画粗 0.5 mm),观察像平面上放大图案,用圆孔光阑让零级附近的成分通过,观察像平面上图像的变化并作解释。

(四)观察高通滤波现象

用透光的图案重叠作为物(笔画粗 0.5 mm),观察像平面上的放大图像,然后用圆屏挡住零级斑点,观察像平面上图像的变化并作解释。

图 12-11　实际系统装置图

四、数据处理和结果分析

分析实验结果，打印图片粘贴在实验报告相应位置。

五、思考题

1. 频谱面上的频谱点有何特点？
2. 系统光源对最终观察面上的成像有什么影响？

学科前沿研究和应用案例——复合光栅技术领域

光栅是一种重要的分光元件，在实际中被广泛应用。许多光学仪器，如单色仪、摄谱仪、光谱仪等都用光栅作分光元件。与刻划光栅相比，全息光栅具有杂散光少、分辨率高、适用光谱范围宽、有效孔径大、生产效率高、成本低廉等突出优点。复合光栅是用全息方法在同一干板上拍摄到的两个栅线平行但空间频率稍有差别的光栅，采用二次曝光法来制作。复合光栅可用于物体高精度三维测量、空间滤波和集成光子学系统[1-7]。

张睿等人基于复合光栅相位测量轮廓术（PMP）原理发现当从采集的变形复合光栅中解调相移变形条纹时，解调精度与滤波窗的选择有关，从而提出了一种采用组合滤波窗提高复合光栅实时三维测量精度的新方法[2]。他们通过对几种常见滤波窗函数的分析和比较，设计了一种将汉宁窗和矩形窗相结合的新型滤波窗。由于组合窗的滤波精度与物体频谱分布情况（面型情况）有关，在复合光栅三维实时测量中，对频谱成分适中的 Peaks 函数物体进行数字模拟，得到测量该类物体所需的组合窗口优化参数分布图，用得到的理论数据指导处理频谱成分适中的实物实验，有效提高了复合光栅实时三维测量精度。数字模拟和实验均证实了该方法的有效性和适用性。图 12-12 是复合光栅相位轮廓术原理图。

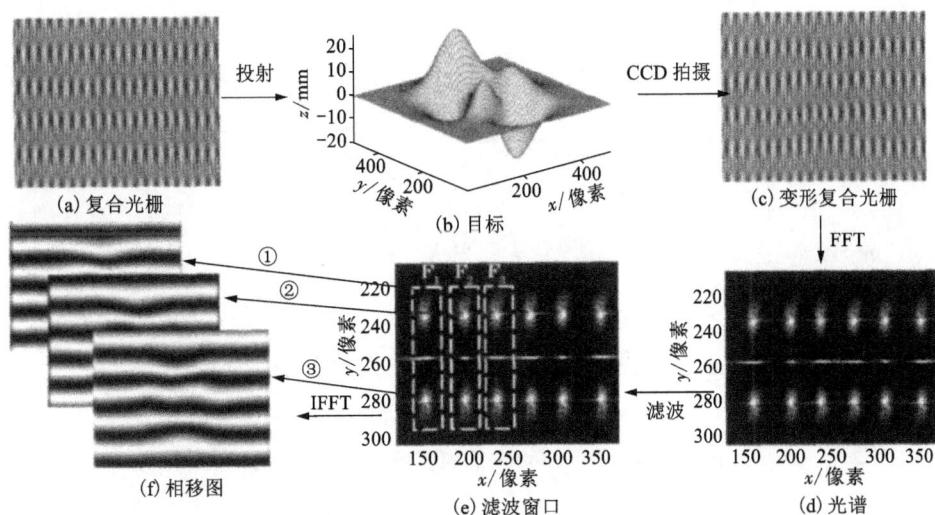

图 12-12 复合光栅相位轮廓术原理图

由此，一种基于复合光栅的对准方法被提出，该方法可满足接近式光刻高精度、大范围对准需要。研究发现，复合光栅由周期具有微小差异的小周期光栅以及与之相正交的大周期小范围光栅组成[4]。图 12-13 为精对准光栅运动叠栅条纹图。对准过程中，通过对叠栅条纹进行高精度相位解析，实现精对准；通过直接求取大周期光栅位置实现粗对准。由于两个方向上的光栅相互正交，傅里叶变换提取频谱时将不受影响。通过计算机模拟对该对准方法进行了仿真分析，考虑在噪声的基础上，对准精度可以达到 16.5 nm；通过实验系统对该对准方法进行了验证与分析，对准精度可以达到 30.19 nm。

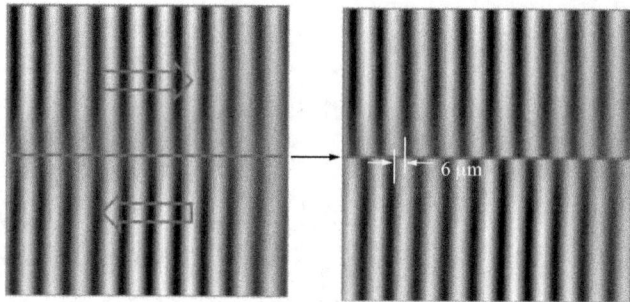

图 12-13　精对准光栅运动叠栅条纹图

针对流水线上在线运动的刚性物体，投影复合光栅可以解决像素匹配和相位展开对条纹频率不同需求的矛盾，但在相位计算时需对复合光栅进行滤波，该过程会降低重构精度。彭旷等人基于 Stoilov 算法，提出一种无需滤波的复合光栅投影的在线三维测量方法，设计复合条纹使低频条纹相移方向与被测物体的运动方向平行，像素匹配后被测物体的运动被转化为低频条纹的相移；高频条纹相移方向与被测物体运动方向垂直，像素匹配后各帧变形条纹图中高频条纹的光强分布完全一致，可直接进行相位计算，避开了因滤波造成的精度损失[5]。同时，在复合光栅中，高频条纹的强度远低于低频条纹，故可将其看作微弱的背景光，保证了在线三维测量的精度。图 12-14 是基于 Stoilov 法的在线三维测量系统。

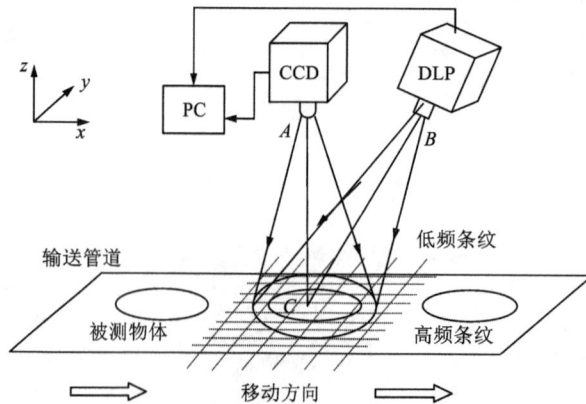

图 12-14　基于 Stoilov 法的在线三维测量系统

采用复合光栅相位测量轮廓术进行三维测量时，从变形复合条纹中能有效地解调出相移变形条纹，此时滤波窗口的选择至关重要。安海华等人通过分析噪声特征及其对频谱成分不同取向影响的差异性，寻找空间频谱在两个正交方向上的最佳滤波窗口，建立了一种提高测量精度的混合滤波窗口[6]。图 12-15 是 CGPMP 测量原理图。数字模拟表明，所设计的混合窗口对噪声的抑制均优于矩形、三角形、布莱克曼和汉宁等滤波窗。已知高度平面的测量结果表明，采用均衡噪声和频谱泄漏的混合窗口的重构误差最小，其误差均方根比汉宁滤波窗口减小了 9.64%，测量精度得到有效提高。

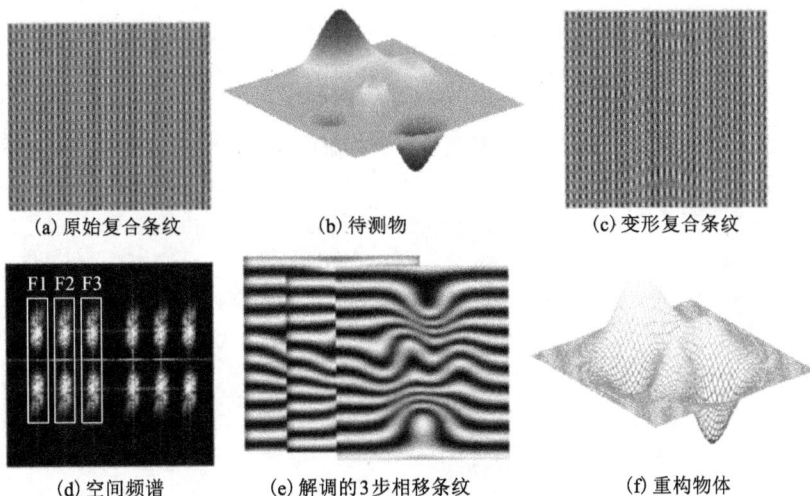

(a) 原始复合条纹　　(b) 待测物　　(c) 变形复合条纹

(d) 空间频谱　　(e) 解调的3步相移条纹　　(f) 重构物体

图 12-15　CGPMP 测量原理

导模共振光栅作为一种重要的滤波单元，在光通信中有着广泛的应用。然而，普通的导模共振光栅的传输光谱为洛伦兹型，该类结构在高性能光纤通信系统中的应用受到限制。采用级联导模共振光栅可以实现平顶滤波响应，但是整个器件的体积较大，制作工艺复杂。此外，单一复合光栅结构难以直接实现窄带平顶滤波响应。包益宁等人提出了一种级联双层复合光栅结构以解决这一问题，利用严格耦合波算法和本征模式分析法分析了其输出光谱[7]。仿真结果表明，该滤波器的中心波长为 1549.9 nm，其平顶光谱的线宽为 0.5 nm。在此基础上，利用光栅结构的本征模式分析法研究了光栅结构参数对其本征值的影响。通过调控光栅结构参数，改变其本征值的大小，达到调节输出光谱的谐振波长和线宽的目的，进而实现光子集成滤波器的平顶陡边光谱响应。图 12-16 为复合光栅滤波器结构示意图。

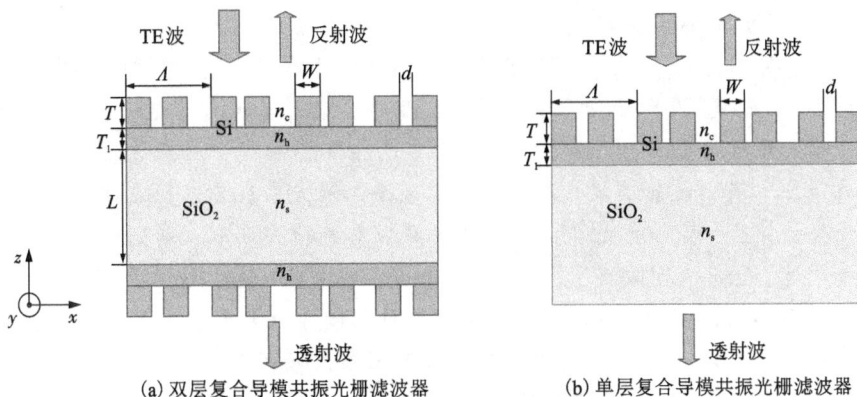

(a) 双层复合导模共振光栅滤波器　　(b) 单层复合导模共振光栅滤波器

图 12-16　复合光栅滤波器结构示意图

参考文献

[1] Guan C, Hassebrook L, Lau D. Composite structured light pattern for three-dimensional video [J]. Opt. Exp ress, 2003, 11(5): 406-417.

[2] 张睿, 曹益平, 何定高. 一种提高复合光栅实时三维测量精度的方法[J]. 中国激光, 2011, 38 (10): 5.

[3] Jiang Z S, Hu D J, Pang L, et al. Fabry-Pérot resonance coupling associated exceptional points in a composite grating structure [J]. Chinese Physics B, 2018, 27(5): 054201.

[4] 司新春, 唐燕, 胡松, 等. 基于复合光栅的大范围高精度对准方法[J]. 光学学报, 2016(1): 9.

[5] 彭旷, 曹益平, 武迎春. 一种无需滤波的复合光栅投影的在线三维测量方法[J]. 光学学报, 2018, 38(11): 10.

[6] 安海华, 曹益平, 李红梅, 等. 一种基于混合滤波窗口的复合光栅相位测量轮廓术[J]. 中国激光, 2020, 47(6): 9.

[7] 包益宁, 余九州, 任丹萍, 等. 基于级联复合光栅的窄带平顶型滤波器设计[J]. 光学学报, 2021, 41(20): 2005001.

拓展阅读

洪义麟：斑斓世界里的追光者

中国科学技术大学国家同步辐射实验室教授级高级工程师洪义麟，是一位衍射光栅研制专家。但在同事眼中，他不仅是一位工程师，更是一位不管缺什么设备都能想办法造出设备的能工巧匠。

"国家的需求，就是我的目标。攻坚克难，废寝忘食，乐在其中。"洪义麟说。多年来，他始终围绕国家重大战略需求，长期从事衍射光栅研究，带领团队自主研发出多套光栅研制关键工艺设备，逐步解决了制约我国强激光技术发展的大口径光栅"卡脖子"问题。因此，他获得了中国科学院第四届"科苑名匠"称号。

1991年，我国第一个国家级实验室——国家同步辐射实验室一期工程建设接近尾声，即将接受国家验收，但从国外定制的光栅到货时间却遥遥无期。工程建设团队曾尝试联系国内多家光学元件研制单位，但都无法解决这一棘手难题。情急之下，时任中国科学技术大学副校长、国家同步辐射实验室一期工程总经理包忠谋，找到洪义麟所在的衍射波带片研制攻关小组，要求团队"一定要研制出光电子能谱光束线的光栅，需要的条件，只要有可能，一律满足"。然而，此时小组里的4个人，谁都不知道如何制作光栅。"我们只能按照书本知识，从头开始摸索工艺，幸运的是实验室已经配备了国产的激光器、光学平台、离子束刻蚀机等基本研制设备。"洪义麟回忆道。因全息曝光实验室靠近马路，白天汽车经过产生的震动会使线条"模糊"，他们只能在下半夜做全息曝光实验；刻蚀机口径不够大，只能自己动手改造；全息掩膜做好了，装到刻蚀机里，抽真空，他们就抓紧时间睡一会儿，醒来再继续做刻蚀和电镜实验……就这样，全组人员经过3个月的昼夜奋战，终于研制出我国第一块技术指标合格的同步辐射光栅，保障了国家同步辐射实验室一期工程的顺利验收。从那时起，洪义麟正式与光栅结缘。

20 世纪末，我国大口径光栅制作还是一片空白。2002 年，国家"863 计划"攻关项目"大口径衍射光学元件研制"开始实施。由中国科学技术大学牵头，联合清华大学、苏州大学、四川大学、中国科学院上海光学精密机械研究所组成大光栅团队进行攻关，目标是研发半米量级的脉冲压缩光栅。

工欲善其事，必先利其器。洪义麟牵头开始研制中等口径旋转涂胶机、中等口径离子束刻蚀机、等离子灰化机等关键工艺设备。有了设备，团队很快研制出第一块 100 mm 口径的介质膜脉冲压缩光栅，实现了国内脉冲压缩光栅从无到有的跨越。2009 年，团队研制出 430 mm 口径的光栅，圆满完成攻关任务。有了信心，团队开始向更高目标进军——承担国家重大专项"衍射光学元件中试验证与关键技术攻关"项目，制作米量级（1400 mm）口径脉冲压缩光栅，并实现批量供货。"光栅口径一下从 430 mm 增长到 1400 mm。对应到设备上，几乎所有关键工艺设备都需要重新研制，甚至有些设备的技术路线都要作出改变。"洪义麟说，从口径上来看，这些设备几乎都是国际上最大的。

时间紧，任务重，难度大。洪义麟再次带领团队从技术方案到关键器件、从机械设计到加工工艺、从安装调试到实验工艺，进行了一系列的创新和关键技术攻关。最终，历经 7 年时间，他们啃下了这块"硬骨头"，完成了关键大口径光栅工艺设备的自主研制。除了研制设备，洪义麟还带领团队创新工艺技术——首创等离子掩膜修正技术，实现光刻胶光栅线条的高精度修正；同时，研制出一批关键工艺在线监测系统，光栅工艺控制实现了从凭"经验"到科学"定量"控制的跨越。

在洪义麟看来，强国之梦，需要高新技术支撑。要想赶上国际先进水平，没有捷径，只有付出更多努力。作为大光栅团队负责人，洪义麟经常勉励学生，动手是工程师的基本技能，只有亲自做过，才能更好、更快地找到解决难题的方法；要重视理论的指导作用，在理论上多花时间，做实验就会事半功倍；同时，还要具备很强的持续学习能力和良好的团队合作精神。

"我们赶上了一个伟大的时代，也是光栅广泛应用的时代。我将继续带领团队顺应国家需求、顺应市场需求，攻坚克难，不断提升光栅性能，为中国制造、中国创造贡献自己的力量。"洪义麟表示。

（参考《中国科学报》2023 年 8 月 14 日报道）

参考书

[1] 王艳，袁素真，罗元. 光电信息专业实验教程[M]. 北京：科学出版社，2020.
[2] 郭杰荣，刘长青，黄麟舒，等. 光电信息技术实验教程[M]. 西安：西安电子科技大学出版社，2015.
[3] 丁卫强. 光信息实验技术[M]. 哈尔滨：哈尔滨工业大学出版社，2010.
[4] 王庆有. 光电信息综合实验与设计教程[M]. 北京：电子工业出版社，2010.
[5] 陈士谦，范玲，吴重庆. 光信息科学与技术专业实验[M]. 北京：清华大学出版社，2007.
[6] 汪贵华. 光电子器件[M]. 北京：国防工业出版社，2020.
[7] 顾畹仪. 光纤通信系统[M]. 3版.北京：北京邮电大学出版社，2013.
[8] 张新社，于友成. 光网络技术[M]. 西安：西安电子科技大学出版社，2012.
[9] 刘增基，周洋溢. 光纤通信[M]. 西安：西安电子科技大学出版社，2008.
[10] 顾畹仪. WDM超长距离光传输技术[M]. 北京：北京邮电大学出版社，2006.
[11] 安毓英，刘继芳. 光电子技术[M]. 北京：电子工业出版社，2007.
[12] 姚建铨，于意仲. 光电子技术[M]. 北京：高等教育出版社，2006.
[13] 马声全，陈贻汉. 光电子理论与技术[M]. 北京：电子工业出版社，2005.
[14] 张季熊. 光电子学教程[M]. 广州：华南理工大学出版社，2001.
[15] 杨祥林. 光纤通信系统[M]. 北京：国防工业出版社，2000.
[16] Klingshirn C F. Semiconductor Optics[M]. Berlin：Springer-Verlag，2006.
[17] 卢俊，王丹，陈亚孚. 光电子器件物理学[M]. 北京：电子工业出版社，2009.
[18] 刘恩科，朱秉升，罗晋生. 半导体物理学[M]. 7版.北京：电子工业出版社，2008.
[19] 张天哲，董有尔. 近代物理实验[M]. 北京：科学出版社，2004.
[20] 丁慎训，张连芳. 物理实验教程[M]. 2版.北京：清华大学出版社，2002.
[21] 晏于模，王魁香. 近代物理实验[M]. 长春：吉林大学出版社，1995.

参考资料

[1] 浙江大学《CSY-10L激光多功能光电测试系统实验仪实验指导书》
[2] 武汉光驰教育科技股份有限公司《GCGDTC-C光电探测器特性测试实验平台实验指导书》
[3] 四川世纪中科光电技术有限公司《ZKY-GS莫尔效应及光栅传感实验仪实验指导及操作说明书》
[4] 天津市拓普仪器有限公司《LR-3型激光拉曼光谱仪使用说明书》
[5] 武汉光驰教育科技股份有限公司《GCRFS-A热辐射与红外扫描成像综合实验仪实验指导书》
[6] 武汉光驰教育科技股份有限公司《GCOXC-B光网络OXC实训平台实验指导书》
[7] 北京方式科技有限责任公司《晶体的电光效应实验使用说明书》
[8] 北京方式科技有限责任公司《磁致旋长-法拉第效应说明书》
[9] 杭州大华仪器制造有限公司《电光效应实验仪使用说明书》
[10] 天津市港东科技发展有限公司《WGD-8/8A型组合式多功能光栅光谱仪使用说明书》
[11] 北京大华无线电仪器厂《DH807A型光磁共振实验装置技术说明书》
[12] 大恒新纪元科技股份有限公司《近代光学综合实验说明书》
[13] 上海采慧电子有限公司《CA9005信息光电子综合实验指导书》

图书在版编目(CIP)数据

光电信息综合实验 / 彭润伍, 李亚捷, 窦柳明编著.
长沙: 中南大学出版社, 2025.6. --ISBN 978-7-5487-
6067-2

Ⅰ. TN2-33

中国国家版本馆 CIP 数据核字第 2024GJ6831 号

光电信息综合实验

GUANGDIAN XINXI ZONGHE SHIYAN

彭润伍　李亚捷　窦柳明　编著

□出　版　人	林绵优	
□责任编辑	胡小锋	
□责任印制	唐　曦	
□出版发行	中南大学出版社	
	社址: 长沙市麓山南路	邮编: 410083
	发行科电话: 0731-88876770	传真: 0731-88710482
□印　　装	广东虎彩云印刷有限公司	

□开　　本	787 mm×1092 mm 1/16	□印张 11	□字数 271 千字	
□版　　次	2025 年 6 月第 1 版	□印次 2025 年 6 月第 1 次印刷		
□书　　号	ISBN 978-7-5487-6067-2			
□定　　价	68.00 元			